Kritische Beiträge zur Energetik

von

Dr. Theodor Gross.

I.

Die Verwandlungen der Kraft

nach

Robert Mayer.

Berlin W.

Verlag von M. KRAYN.

1901.

Vorwort.

Unter dem Titel „Kritische Beiträge zur Energetik" beabsichtigt der Verfasser seine Untersuchungen über Probleme der Energetik gesammelt herauszugeben. Einzelnes davon wurde bereits durch den Druck oder in Vorlesungen, Anderes bisher noch nicht veröffentlicht. Durch die Vereinigung zu einer Sammlung soll der innere Zusammenhang der einzelnen Untersuchungen deutlicher hervortreten und die systematische Entwicklung der leitenden Ideen vorbereitet werden. Die Beiträge sind als kritische bezeichnet, weil der Verfasser vorhandene Theorien darin eingehend prüft und auch die Grundlagen seiner eigenen Theorie nicht dogmatisch, sondern kritisch zu bestimmen sucht.

Als erster Beitrag erscheint hier eine Abhandlung über „Die Verwandlungen der Kraft nach Robert Mayer", die eine mehrfachen Wünschen entsprechende Sonderausgabe aus des Verfassers Studie über „Robert Mayer und Hermann von Helmholtz"[1]) ist. Es soll darin nicht eine vollständige Würdigung der wissenschaftlichen Leistungen Mayers gegeben, sondern nur die von diesem herrührende Darstellung des Prinzips der Energieerhaltung in der eigentlichen Physik erörtert werden, um zu ermitteln, inwieweit sie zur Grundlage für den Aufbau der Energetik geeignet ist. Der Verfasser bespricht daher von Mayers Schriften nur diejenigen, welche für diese Aufgabe wichtig sind und geht auch auf die Schriften über denselben nicht ein, weil

[1]) Berlin, Fischers Technologischer Verlag (M. Krayn). 1898.

er die Ideen Mayers, nicht aber deren Auffassung durch andere Autoren prüfen wollte.

Zur grossen Befriedigung des Verfassers hat die Abhandlung bei ihrem ersten Erscheinen in der oben genannten Studie Anerkennung gefunden, nur in dem „Volks-Frühling", einem zu Herrn E. Dühring in naher Beziehung stehenden Blatte,[1]) wird sie als ein schreiendes Unrecht gegen diesen erklärt und der Verfasser mit einem ganzen Füllhorn von Anzüglichkeiten überschüttet. Sachlichen Werth hat die Komposition nicht, doch soll sie hier kurz beantwortet werden; hauptsächlich, weil sich dabei zu einigen ergänzenden Bemerkungen über R. Mayer Gelegenheit bietet.

Der Referent nennt sich nicht, und das wäre auch überflüssig; denn Wortbildungen wie „behudeln", „beschnoddern", „Kritikakel" und andere ebenso geschmackvolle, verrathen untrüglich Herrn E. Dühring selbst, der sich auch durch die Leichtfertigkeit offenbart, mit der in dem Referate verleumderische Behauptungen ausgesprochen werden. Gleich die Bemerkungen über den Titel „R. Mayer und H. v. Helmholtz" geben dafür ein Beispiel. Der Referent nennt ihn „hinterhaltig irreführend", er soll nach ihm die irrige Meinung erwecken, als ob in der Schrift beide Autoren einander gleichgestellt werden, ja, er soll wohl „sogar auf das breite Publikum der Helmholtzreclame und der Helmholtzpatrone spekuliren".

Da haben wir also eine moralische Verdächtigung, gegründet auf eine ganz willkürliche Behauptung; Mayer und v. Helmholtz werden vielmehr neben einander genannt, weil beide mit einander verglichen und ihre Beziehungen zu einander erörtert werden, ohne dass dadurch über die Ansprüche des einen oder des anderen entschieden wird. Analog könnte eine Schrift, in der untersucht wird, was Herr E. Dühring für R. Mayer gethan haben will, „R. Mayer und Herr E. Dühring" überschrieben werden, und doch wird kein urtheilsfähiger Leser daraus schliessen, dass Dühring mit R. Mayer gleichgestellt werden soll. Der Herr Referent hat freilich von Dührings Leistungen

[1]) Deutschnationaler Jugendbund. Dortmund 1898, 15.

im Allgemeinen eine so hohe Meinung, dass ihn eine solche Gleichstellung nicht wundern würde, und dessen Thaten für Mayer im Besonderen überwältigen ihn so, dass er in gesperrtem Druck „die ganz ausserordentliche und allseitige Unterstützung, die Mayer bei Dühring gefunden hat“, hervorhebt. Ja, für ihn ist Dühring untrennbar mit dem grossen Naturforscher verbunden und er versteigt sich zu der rhetorischen Frage: „Wie soll Jemand Mayer gerecht werden, der es in dieser Angelegenheit Dühring nicht wird.“ Also R. Mayer und E. Dühring sind zwei Dioskuren; beiden ist ein gemeinsames Denkmal zu errichten. Indessen, wir wollen lieber damit noch zu warten, denn wenn der Herr Referent sich die Sache noch reiflicher überlegt, wird er wohl noch zu der Einsicht kommen, dass eigentlich das Denkmal Dühring allein gebührt und Mayer mit einem Medaillon am Sockel abzufinden ist.

Nach solchen Posaunenstössen des Herrn Referenten sollte man glauben, Herr Dühring habe das Genie in Heilbronn entdeckt; aber Mayer war, als dieser über ihn zu schreiben begann, bereits ein in wissenschaftlichen Kreisen berühmter und hochgeehrter Mann. Inwiefern nun dessen Ruhm durch Dührings Wirken gefördert worden ist, das werden wir sehen, wenn wir des letzteren Schrift, „Robert Mayer, der Galilei des neunzehnten Jahrhunderts“,[1]) die ja doch wohl nach seiner eigenen Meinung seine Hauptleistung für Mayer ist, etwas genauer betrachten.

In ihrem ersten Theile nimmt die Besprechung der persönlichen Verhältnisse und Schicksale Mayers bei Weitem den grössten Raum ein. Es sind darin Angaben veröffentlicht, die Mayer selbst Herrn Dühring mitgetheilt hat, und die daher von grossem Werthe sind. Aber was dieser dann aus eigenem Vermögen beiträgt, um Mayers Verhalten gegen feindselige Mächte zu erklären, das beweist gleich seine Befangenheit und Oberflächlichkeit. Mayer zeigte bekanntlich mehr Fähigkeit zu passivem Widerstande als zu energischer Reaction, was sich einfach aus einer Naturanlage erklärt, deren Entwickelung durch seine Lebensbedingungen

---

[1]) Chemnitz, E. Schmeitzner, 1880, zweiter Theil, Leipzig, Naumann 1895.

befördert werden musste. Als Arzt in einer kleinen Stadt war er ohne Verbindung mit dem Treiben gelehrter Kreise und, mit ihrer Sprache nicht vertraut, verkündet er schlicht, was ihm der Genius offenbarte. Als seine Worte dann kein Verständniss finden, sondern aus sehr zweifelhaften Beweggründen abgelehnt und unterdrückt werden, da kann er diese Thatsache gar nicht fassen, und über ihr brütend, ist er unbeholfen in der Vertheidigung und noch unbeholfener im Angriff.

Herr Dühring weiss jedoch eine viel bessere Erklärung. Nach ihm rührte Mayer's Unbeholfenheit von seinem Christenthum her, das ihn verhinderte, sich vom Autoritätsglauben frei zu machen und den zünftigen Gelehrten so entgegen zu treten, wie sie es verdienten.

Aber war denn jener O. Seyffer, dessen stumpfsinnigen Angriff sich Mayer so sehr zu Herzen nahm, statt ihn vielmehr zu verachten, etwa eine wissenschaftliche Autorität?

Und dann war auch, wie ja Herr Dühring selbst hervorhebt, Mayer's Christenthum ein ganz innerliches: »die Religion war ihm Gemütselement und durchaus nicht erst nach seinen schlimmen Erfahrungen.« Auf Aeusserlichkeiten gab er nichts. Eine solche religiöse Gesinnung ist doch aber mit thatkräftigem Handeln vollständig vereinbar, wie Herr Dühring aus der Geschichte wissen könnte. Christus selbst hat es doch auch an kräftiger Polemik gegen Zunftgelehrte nicht fehlen lassen. Doch Herr Dühring vergisst Alles, wo es gilt, seinen metaphysisch materialistischen Standpunkt geltend zu machen, und statt dass er sich bemüht, Mayer's tiefes Wesen zu begreifen, was ihm freilich nicht gelingen würde, ergeht er sich in Variationen des hier gar nicht passenden Spruches »duckt er da, folgt er uns eben auch«. Das ist eine äusserst seichte Psychologie. Die Religion wie sie Mayer auffasste, konnte ihn nicht hindern, energisch für die Wahrheit zu kämpfen, sondern, wenn er es hierin an etwas fehlen liess, so sind daran, wie gesagt, eine unglückliche Naturanlage und ungünstige Verhältnisse Schuld; wohl aber machte ihn seine Religion unfähig, persönliche Gehässigkeit in wissenschaftliche Erörterungen hineinzutragen und sie gar noch als Eifer für die Wahrheit auszugeben. Etwas von dieser Religion könnte auch Herr Dühring sehr wohl brauchen; vielleicht wäre mit ihrer Hülfe sein Polemik gewichtiger geworden, als sie es jetzt ist, da er gegen Mayer's Neider und Verkleinerer zwar als ein sehr grimmiger aber wenig gefährlicher Kämpe auftritt. Denn, indem er sich nicht darauf beschränkt, diese in denjenigen Punkten anzugreifen, in denen sie sich zweifellos Blössen gegeben haben, sondern unerweisliche oder doch unerwiesene Beschuldigungen gegen sie schleudert, macht er es ihnen leicht, sich zu vertheidigen und die Thatsachen zu verdunkeln. So wird z. B. kein unbefangener Kenner des Sachverhaltes bestreiten, dass von Helmholtz und Joule sich unschön gegen Mayer benommen haben, und der Verfasser hat mit seiner Meinung darüber auch nicht zurückgehalten.[1]) Aber Herr Dühring beschuldigt sie mit vielem Lärmen des Plagiats an Mayer, und das lässt sich nicht beweisen; denn was er als Beweis ausgiebt, kommt auf den Satz hinaus: diesen Persönlichkeiten ist ein Plagiat zuzutrauen, also haben sie es begangen. Was war nun die Folge des ganzen Spektakelstückes? H. von Helmholtz wies die Anklage des Plagiats von sich und Joule ab und, indem er die Miene annahm, als ob dies Alles sei, was gegen ihn und seinen Clienten vorgebracht werden konnte, erschien er, wenigstens in den Augen Unkundiger, vollständig gerechtfertigt, und das wirklich Hässliche in seinem Benehmen gegen Mayer blieb in Schatten gehüllt. Joule's Benehmen gegen diesen war freilich, auch von allem Plagiat abgesehen, so zweifellos unanständig, dass er durch keinen dialektischen Kunstgriff zu retten war.

Auch Männer, die Mayer hohe Anerkennung zollten, bedenkt Herr Dühring mit gehässigen Angriffen, wenn ihm ihre Schriften, die er vermuthlich niemals ernstlich geprüft hat, nicht behagen. Ein Beispiel dafür giebt sein Verfahren gegen Clausius. Dieser hatte sich bekanntlich in einem Briefe an Tyndall zuerst abfällig über Mayer, von dem er nur den ersten Aufsatz kannte, geäussert. Später aber,

[1]) M. vergl. den dritten Abschnitt seiner oben genannten Studie.

als er auch dessen übrige Schriften gelesen hatte, nahm er sein Urtheil bedingungslos zurück und bewunderte dessen »Klarheit,« »Schärfe« und »Ideenreichthum«. Was sagt nun Herr Dühring hierüber? An einer Stelle seines »Robert Mayer« schreibt er: »Wenn Herr Clausius 1862 noch für gut fand, in der Mayer'schen Entdeckung nichts Erhebliches finden zu wollen, während er selbst an nichts als an mechanischer Wärmetheorie wiederkäute, so mag man ermessen, wie sich die Ignorirung und Unterdrückung Mayer's durch Handwerksgelehrte solchen Schlages aus der edlen Paarung von bösem Willen und eitler Beschränktheit zusammensetzte.«[1]) In diesem Stil geht es noch eine Weile weiter. Die ganze Stelle bezieht sich auf Mayer's ersten Aufsatz. Nun muss man doch aber bei aller Bewunderung des genialen Forschers zugeben, dass dieser seinen Aufsatz ohne jede Kenntniss des Marktes, auf den er ihn brachte, abgefasst hat. Es ist ja leicht erklärlich, warum er ihm die Gestalt gab, die er hat: ihm war die Ableitung der Erhaltung der Energie aus dem Causalgesetze und ihre Einführung in die Mechanik das Höchste, das mechanische Wärmeäquivalent im Vergleiche damit etwas Untergeordnetes; daher nehmen die logischen und mechanischen Spekulationen fast den ganzen Raum des kurzen Aufsatzes ein, und das mechanische Wärmeäquivalent wird nur beiläufig am Ende mitgetheilt.

Aber jeder, der mit den wissenschaftlichen Verhältnissen einigermassen vertraut war, hätte Mayer sagen können, dass er gerade die Berechnung des mechanischen Wärmeäquivalentes ausführlich mittheilen musste, wenn sein Aufsatz Beachtung finden sollte. Denn die logischen Spekulationen waren zwar sehr geistvoll, aber doch nur hypothetisch, auch brachten ihnen jedenfalls nur wenige Physiker Verständniss entgegen, und was für einen Zweck die Einführung der mystischen Fallkraft haben sollte, wurde zunächst auch nicht klar. Es war also sicherlich zu entschuldigen, wenn ein vorzugsweise formal-mathematisch beanlagter Forscher, wie Clausius, dieses geniale Produkt einer physikalischen Sturm- und Drangperiode nicht gleich richtig würdigte und vielleicht

---

[1]) S. 51.

nicht einmal zu Ende las. Den bösen Willen, den ihm Herr Dühring zuschiebt, braucht er deshalb durchaus nicht zu besitzen, wohl aber ist Herrn Dühring böser Wille vorzuwerfen; denn in der ganzen gegen Clausius gerichteten Auslassung erwähnt er mit keiner Silbe dessen späteren Widerruf seines Urtheils über Mayer. Hierzu bequemt er sich erst etwa vierzig Seiten später und auch dann mit gehässiger Entstellung des Sachverhaltes. Er sagt nämlich bezüglich des Briefes von Clausius an Tyndall: „Ersterer musste ihm schliesslich doch die Mayer'schen Broschüren schicken und konnte sich nicht anders aus der Klemme herauswinden, als dass er klein beigab und so that, als wenn er die Broschüren erst jetzt eingesehen hätte“[1]) u. s. w.

Welches Recht hat aber Herr Dühring, den anfänglichen Irrthum von Clausius als böswillig, dessen späteren Widerruf als erzwungen darzustellen? Er giebt für seine Verdächtigungen nicht eine Spur von Beweis, und man kann zu seiner Entschuldigung nur annehmen, dass ihm überhaupt der Unterschied zwischen Behauptung und Beweis abhanden gekommen ist.

Clausius war ein sehr achtbarer Forscher und, wenn auch gegen seine Resultate wesentliche Einwendungen zu erheben sind, so ist doch anzuerkennen, dass er die mechanische Wärmetheorie wirklich gefördert hat. Sein Verhalten gegen Mayer war, im Gegensatz zu anderen Physikern, durchaus gewissenhaft. Man vergleiche es nur mit demjenigen von H. v. Helmholtz. Dieser veröffentlichte über Mayer's grossartige Hauptschrift über »Die organische Bewegung« ein ganz unwahres, Mayer sehr schädigendes Referat und nahm es niemals zurück; Clausius urtheilte nur über Mayer's ersten, schwer verständlichen Aufsatz ungünstig, nahm aber sein Urtheil freimüthig zurück und erkannte Mayer's Bedeutung unumwunden an, als er dessen Hauptschrift gelesen hatte.

Das Angegebene genügt, um den Geist kennen zu lernen, in dem Herr Dühring die persönlichen Fragen behandelt. Derselbe hatte Materialien in der Hand, aus denen

---

[1]) S. 94 a. E.

er einen werthvollen Beitrag zur Geschichte der Wissenschaft zusammenstellen konnte, aber seine masslose subjektive Befangenheit liess das nicht zu, und sie erweckt sogar Misstrauen gegen die Mittheilungen, die er als von Mayer selbst herrührend bezeichnet, indem man besorgen muss, dass er auch diese nicht ohne, wenn auch unbewusste, Entstellungen wiedergiebt.

Herrn Dühring's Auslassungen über Mayer's wissenschaftliche Leistungen sind ebenfalls ganz unbefriedigend. Gut ist die Bezeichnung Mayer's als Galilei, aber was Herr Dühring zur Begründung dieser Analogie sagt, ist schief und oberflächlich. Er unterscheidet in der Physik spekulative und empirisch - mathematische Forschung, und stellt Galilei und Mayer als Vertreter der ersteren hoch über Newton, den Vertreter der letzteren; die Mathematik soll nach ihm nur eine Dienerin des physikalischen Gedankens sein. Das sind aber ganz triviale Vorstellungen, die weder Sinn für echte Spekulation, noch für Mathematik und Physik verrathen. Wie die Wahrheit sich im Geiste des Forschers entwickelt, ob er mehr der Beobachtung oder der Intuition zu verdanken hat, das hängt von seiner Natur und von der Aufgabe ab, die er zu lösen hat, und es mag jeder nach seiner Neigung die eine oder die andere Geistesart für die höhere halten, wenn er sich nur nicht anmasst, diese Neigung als allgemeines Gesetz aufzustellen; denn durch die Systematisirung einer Idee kann ein Forscher ebensoviel originale Geistesthätigkeit beweisen, wie durch deren ursprüngliche Auffindung, und die Wissenschaft braucht jedenfalls zu ihrer Entwickelung die eine Geistesart ebensowohl wie die andere. Auf welchem Wege aber auch eine Wahrheit gefunden sein mag, jedenfalls ist sie schliesslich empirisch-mathematisch zu gestalten, und gerade aus Mayer's Prinzip der Kraftverwandlung folgt, dass die Mathematik für die Physik eine weit höhere Bedeutung hat, als die einer blossen Dienerin. Denn, da alle Energiewerthe durch ihre mechanischen Aequivalente zu messen sind, und die Mechanik durchaus mathematisch gestaltet ist, so ist die Energetik, d. h. die Grundlage der ganzen theoretischen Physik, ihrer Natur nach mathematisch. Die mathematische

Form erscheint somit als die nothwendige und allgemeinste für die Darstellung der Prinzipien der Physik. Wenn Mayer nicht dazu kam, seine Ideen mathematisch zu formuliren, so hindert uns das nicht, seine ausserordentlichen Leistungen zu bewundern, aber wir werden darin nicht, wie Herr Dühring, einen Vorzug suchen.

Derselbe hätte auch, statt die subjektive Bedingtheit der einzelnen Forscher in Gegensatz zu bringen, lieber den objektiven Zusammenhang der wissenschaftlichen Ideen betrachten sollen, vielleicht wäre ihm dann eine Ahnung von der Entwickelung aufgegangen, die von Galilei über Newton zu Mayer führt.

Galilei begründet die Physik, indem er statt des willkürlichen Spekulirens über die Natur die rationelle Naturbeobachtung einführt, und giebt in den Fallgesetzen eine glänzende Probe von der Macht seiner Methode.

Newton knüpft zunächst an Keppler an, aber das allgemeine Gesetz, das er aufstellt, schliesst die Fallgesetze unter der Voraussetzung konstanter Kräfte ein. Newton's Gesetz bleibt jedoch wie dasjenige Galilei's auf die Mechanik beschränkt. Nun aber entwickelten sich andere Zweige der Physik immer reicher. Dass sie in nothwendigem Zusammenhange mit der Mechanik stehen, war eine nicht abzuweisende Annahme; denn alle Naturvorgänge sind mit Bewegungen nothwendig verbunden, aber die Frage war, welches dieser Zusammenhang ist. Die Grundlage zu ihrer Beantwortung giebt Mayer, indem er den Aequivalenzbegriff einführt und die genialste Methode zur Bestimmung der Aequivalenz ersinnt. Da hiernach die mechanische Arbeit ein Mass für die Zustandsänderungen in der Natur ist, und dieselbe die Integralfunktion der als »Kraft« bezeichneten Funktion Newton's ist, so folgt die allgemeine Geltung der letzteren.[1]) So beziehen sich denn die Ideen Galilei's, Newton's und Mayer's auf den »Kraft« genannten Differenzialquotienten. Newton stellt ihn für gewisse mechanische Vorgänge auf, Galilei hatte dessen

[1]) Der mathematische Beweis dieses Satzes wird in dem II. Beitrage gegeben werden.

Werth schon vorher für einen besonders wichtigen Vorgang unter Voraussetzung der Konstanz bestimmt, und Mayer begründet die allgemeine Geltuug von dessen Integral für die gesammte Physik. Die Verbindung zwischen diesen Gipfeln wird durch die Arbeiten anderer Forscher hergestellt.

Mayer war sich des Zusammenhanges seiner Ideen mit denjenigen Newton's wohl nicht klar bewusst, denn er war nur mit der elementaren Formulirung der mechanischen Arbeit, nicht mit dem Potential, vertraut; das hindert aber nicht, das objectiv dieser Zusammenhang besteht.

In seiner Methode gleicht Mayer insofern Newton als er, wie dieser, Schlüsse aus bereits festgestellten Thatsachen zieht, weit grösser ist aber die Analogie zwischen ihm und Galilei. Letzterer hatte an die Stelle der scholastischen Spekulation die rationelle Beobachtung der Natur gesetzt; Mayer macht einen wesentlichen Fortschritt in der Methodik der Beobachtung, indem er die Ursache eines Naturvorganges wiederum nur in einem Naturvorgange, nicht aber in mystischen Kräften sucht, die unveränderlich hinter den Erscheinungen wirken. Und wie Galilei die Fruchtbarkeit seiner Methode durch die Entdeckung der Fallgesetze, so beweist Mayer die der seinigen durch die Aufstellung des Prinzips der Energieverwandlungen und die Bestimmung des mechanischen Wärmeäquivalentes.

Indem Mayer's Theorie Zustandsänderungen nur durch Zustandsänderungen erklärt und so alle Aussagen auf die Erscheinungen beschränkt, giebt sie offenbar den sichersten Schutz gegen die Einschwärzung der Metaphysik in die Physik. Gleichwohl haben ihm seine Gegner metaphysische Bestrebungen vorgeworfen, die sich in der von ihm versuchten logischen Deduktion seines Prinzips, offenbaren sollen. Diese ist nun zwar unzulänglich, aber, richtig verstanden, nicht metaphysisch, und ausserdem hängt die physikalische Bedeutung seines Prinzips nicht von dessen vermeintlicher logischer Deduktion ab.

Die Physik kann allgemeine Voraussetzungen nicht entbehren, deren strenge Begründung über ihre Grenzen hinausgeht; eine solche ist auch die Unzerstörbarkeit des Stoffes als deren Correlat Mayer die Unzerstörbarkeit der

Kraft aufstellt. Die logische Erörterung derselben entspricht nicht seinem durchaus auf naturwissenschaftliche Erkenntniss gerichteten Sinne, der ihn andererseits aber auch davor schützt metaphysische Spekulationen in die Physik einzuführen und empirischen Erkenntnissen absolute Bedeutung beizulegen.

Diese σωφροσύνη, die Mayer auszeichnet, findet aber gerade bei Herrn Dühring, der sich zu seinem berufenen Ausleger aufwirft, gar kein Verständniss, vielmehr versucht er dessen Ideen in das nebelhafte Gebiet seines eigenen metaphysischen Materialismus hinabzuziehen. Dass Mayer selbst sich entschieden gegen den Materialismus ausgesprochen hat, hindert ihn dabei weiter nicht, er erklärt das einfach für einen gewaltigen »Antagonismus« und versichert, Mayer habe »denen, für die der Begriff der Substanz ein windiges Stück Methaphysik ist, den Weg, auch die Kraft als Materie zu erkennen,« gebahnt.[1])

Für solche windige Phrasen soll also ein R. Mayer verantwortlich gemacht werden!

Auch durch das, was Herr Dühring über Mayer's angebliche Hypothese bezüglich der inneren Arbeit der Gase sagt, bekundet er zur Genüge seinen vollständigen Mangel an physikalischem Verständniss. Die Stelle ist zu charakteristisch, um sie dem Leser vorzuenthalten. Herr Dühring schreibt nämlich: „*Hätte aber auch Gay Lussac's Experiment nicht existirt*[2]) *so hätte Mayers Schluss nicht ein geringeres, sondern ein noch grösseres Verdienst. Er hätte nämlich aus seiner eigenen Grundanschauung ergänzt, was durch das Experiment bestätigt werden kann und muss. Aus dieser Grundanschauung war es doch eine Kleinigkeit zu schliessen, dass die zur blossen Zertreuung der Moleküle in das Leere erforderliche Kraftmenge dem geringfügigen Gewicht dieser Moleküle entsprechen und daher in Vergleichung mit dem äusseren Druck, der nach ganzen Atmo-*

---

[1]) S. 22.

[2]) Es ist das Experiment gemeint, wonach vollkommene Gase bei ihrer Ausdehnung ohne Arbeit sich nicht abkühlen. Auf Grund desselben schloss Mayer, dass der Wärmeverbrauch bei der Ausdehnung der Luft unter Druck zu äusserer Arbeit dient.

sphären gerechnet wird, für die Aequivalentmenge unerheblich sein müsse".[1])

Dass das Unsinn ist, sieht jeder einigermassen Sachverständige. Die Arbeit bei der Zerstreuung der Moleküle in das Leere hängt eben nicht blos von deren Masse, sondern auch davon ab, wie sich die als Anziehung bezeichnete Funktion mit der Entfernung ändert. Dass Herr Dühring das nicht weiss, ist erstaunlich; aber noch erstaunlicher ist seine naive Auffassung von der Bedeutung des Experiments. Das Experiment »muss« bestätigen, was er sich denkt! Da haben wir den unverfälschten Metaphysiker, mag er den Mund auch noch so voll nehmen von Galilei und R. Mayer.

Weitere Proben für das Verständniss, womit sich Herr Dühring der Ideen Mayer's bemächtigt hat, können hiernach wohl unterbleiben. Was er darüber sagt, sind in der That entweder nichtssagende Phrasen, wie seine breiten Aeusserungen über die Fallkraft oder entschiedene Entstellungen wie das vorstehend Angeführte.

Der Verfasser hatte daher auch keine Veranlassung an Herrn Dühring ein Plagiat zu begehen, wie dieser es ihm — selbstverständlich ohne einen Beweis zu versuchen — vorwirft. Das Einzige, was er von Herrn Dühring entlehnt hat, ist die gelegentliche Bezeichnung Mayer's als Galilei. Er hat dabei allerdings Herrn Dühring nicht als deren Urheber genannt; aber sie ist gegenwärtig so allgemein bekannt, dass ihm deshalb verständiger Weise nicht die Absicht untergeschoben werden kann, sich deren Erfindung anzumassen. Uebrigens legt er dieser Bezeichnung einen wesentlich anderen Sinn bei als Herr Dühring, der sie mehr auf die äusseren Schicksale Mayer's bezieht, während der Verfasser, wie oben dargelegt, die Analogie zwischen Galilei und Mayer darin sieht, dass beide durch die Methode ihrer Forschung die metaphysische Spekulation bekämpften, in der auch Herr Dühring vollständig befangen ist.

Bei dem zweiten Theile von Herrn Dühring's Schrift über R. Mayer ist dessen Name im Grunde nur ein Schild, hinter dem hervor ersterer seine eigenen Angelegenheiten

---

[1]) S. 53.

verficht; ein Anlass, hier auf ihren Inhalt einzugehen, ist nicht vorhanden.

Nach Allem kann der Verfasser die Förderung, die Mayer's Ruhm durch Herrn Dühring's Agitation erhalten hat, nur gering anschlagen. Durch die Mittheilungen über dessen Leben mag er die Theilnahme weiterer Kreise für den genialen Mann erregt haben, aber er hat auch über dessen Ideen und Geistesrichtung falsche Vorstellungen verbreitet und dadurch seinen Gegnern geradezu in die Hände gearbeitet.

Der Verfasser hat sich zu dieser Entgegnung nur ungern entschlossen, da er kein Freund persönlicher Polemik ist; aber die Entstellung von R. Mayer's Ideen, woran Herr Dühring ebenso sehr betheiligt ist, wie die Gegenpartei, muss entschieden zurückgewiesen werden, wenn das Werk des grossen Naturforschers auf die Entwickelung der Wissenschaft den ihm gebührenden Einfluss erhalten soll.

Th. Gross.

Inhalts-Uebersicht.

Vorwort. Seite I

Die Verwandlungen der Kraft

nach

Robert Mayer.

Einleitung.

Ausgangspunkt. — Ungedruckter Aufsatz. — Ziel der Untersuchung. — Angabe der berücksichtigten Schriften R. Mayer's. — Form ihrer Erörterung . . . . Seite 1

Logische Prinzipien.

R. Mayer's Auslegung des Kausalgesetzes. — Beispiel einer Kausalverbindung nach Schopenhauer und nach R. Mayer aufgefasst. — Mill, Wundt. Zeitlicher Zusammenhang von Ursache und Wirkung. — R. Mayer's Einteilung der Ursachen . . . . Seite 7

Mechanische Vorgänge.

Gleichung zwischen Arbeit und lebendiger Kraft. — Das wahre Kausalverhältniss bei der Hebung und Senkung eines Gewichtes. — Kausalität und logischer Grund. — Energieübertragung. — Die Schwere keine Ursache: R. Mayer, Schopenhauer. — Einzelne Bemerkungen. — Rückblick . . . . Seite 19

Wärme.

Die Forderung der Logik und die Aufgabe der Erfahrung. — Definition der Energie. — Empirische Bestimmung des kausalen Zusammenhanges zwischen Wärme und Arbeit. — Mayer und Rumford. — Mayer's Bestimmung des mechanischen Wärmeäquivalentes: Sonderung der rein experimentellen Thatsache und der logischen Voraussetzung. — Bestimmung der inneren Energie der Luft als Funktion der Temperatur mittels des Versuches von Gay Lussac und denselben. — Mayer's Bestimmung des mechanischen Wärmeäquivalentes verglichen mit denjenigen Joule's. — Ueber die Auffassung der Wärme als Bewegung. — Einzelne Bemerkungen. — Rückblick . . . . Seite 29

Elektrizität und Magnetismus.

Aequivalent der Reibungselektrizität. — Elektrophor. — Erwärmung einer Magnetnadel durch den Wechsel ihrer Pole . . . . . Seite 48

Chemische Vorgänge.

Die chemische Arbeit . . . . Seite 50

Galvanismus.

Volta's Fuudamentalversuch und Säule . . . . Seite 53

Schlusswort Seite 54

Die Verwandlungen der Kraft

nach

Robert Mayer.

Einleitung.

Ausgangspunkt. — Ungedruckter Aufsatz. — Ziel der Untersuchung. — Angabe der berücksichtigten Schriften R. Mayer's. — Form ihrer Erörterung.

Robert Mayer erhielt die äussere Anregung zu seiner Entdeckung der Erhaltung der Energie bekanntlich durch eine Beobachtung, die er über die Färbung des Blutes bei Aderlässen in den Tropen machte. In den »Bemerkungen über das mechanische Aequivalent der Wärme« giebt er selbst darüber Folgendes an:

> »Im Sommer 1840 machte ich bei Aderlässen, die ich auf Java an neuangekommenen Europäern vornahm, die Beobachtung, dass das aus der Armvene genommene Blut fast ohne Ausnahme eine überraschend hellrothe Färbung zeigte«.[2]

Die Beobachtung war sicherlich nicht neu; aber Mayer war der erste, der, wie wir sogleich hören, bis zu ihren letzten Gründen vorzudringen verstand.

> »Diese Erscheinung fesselte meine volle Aufmerksamkeit. Von der Theorie Lavoisier's ausgehend, nach welcher die animalische Wärme das Resultat

[1] Meyer's Schriften sind im Folgenden stets angeführt nach »Mechanik der Wärme«, 3. Aufl. und nach: »Kleinere Schriften und Briefe«; beide herausg. v. Weyrauch, Stuttgart, Cotta, 1893.

[2] Mech. d. W. S. 243 ff.

eines Verbrennungsprozesses ist, betrachtete ich die doppelte Farbenänderung, welche das Blut in den Haargefässen des grossen und kleinen Kreislaufes erleidet, als ein sinnlich wahrnehmbares Zeichen, als den sichtbaren Reflex einer mit dem Blute vor sich gehenden Oxydation. Zur Erhaltung einer gleichförmigen Temperatur des menschlichen Körpers muss die Wärmeentwickelung in demselben mit seinem Wärmeverluste, also auch mit der Temperatur des umgebenden Mediums nothwendig in einer Grössenbeziehung stehen, und es muss daher sowohl die Wärmeproduktion und der Oxydationsprozess, als auch der Farbenunterschied beider Blutarten im Ganzen in der heissen Zone geringer sein, als in kälteren Gegenden.«

Mayer verstand also die physiologische Bedeutung seiner Beobachtung vollständig, und das Nächstliegende für ihn, den Arzt, wäre gewesen, sie für eine physiologische Untersuchung allgemeineren Inhalts zu verwerthen. Aber ungleich tiefblickender als jener andere Arzt, Galvani, der die Zuckungen des Froschschenkels nicht zu deuten wusste, erkennt er, dass sich in der hellen Färbung des Venenblutes ein physikalisches Gesetz offenbare.

Denn der Wärmeverlust des Körpers entsteht, indem letzterer Wärme erstens direkt als solche, und zweitens indirekt mittels Arbeit abgiebt. Nehmen wir nun gemäss der physiologischen Verbrennungstheorie an, dass der Orgnismus Wärme weder schaffen noch vernichten kann, so muss sein gesammter direkter und indirekter Wärmeverlust durch chemisch in ihm erzeugte Wärme gedeckt sein.

Bezeichnen wir für eine gewisse Zeit den direkten Wärmeverlust durch q, den indirekten, mittelst der Arbeit v, durch p, so ist also die Summe beider Wärmemengen gleich einer gewissen im Organismus erzeugten Wärme w:

$$w = q + p,$$

woraus

$$w - q = p$$

folgt: d. h. auch die vom Organismus indirekt abgegebene ist gleich einer gewissen in ihm chemisch erzeugten Wärmemenge.

Hieraus schliesst nun Mayer, dass die indirekt abgegebene Wärme auch mit der dazu verbrauchten Arbeit v in einem unveränderlichen Grössenverhältnisse stehen muss. Denn wenn

> »durch die nämliche Arbeit und bei gleichbleibendem organischen Verbrennungsprozesse verschieden grosse Wärmemengen erzielt werden könnten, so würde ja die produzirte Wärme bei einem und demselben Materialverbrauche bald kleiner, bald grösser ausfallen können, was gegen die Annahme ist«.

Der Schluss an sich ist ganz bündig; aber Mayer gründet ihn auf eine Voraussetzung, zu der er an dieser Stelle noch nicht berechtigt war. Um nämlich indirekt zu beweisen, dass zu demselben Werthe von p derselbe Werth der Arbeit v gehöre, setzt er voraus, dass zu derselben chemischen Wärme $w-q$, die nach Abzug der direkt abgegebenen Wärmemenge übrig bleibt, stets derselbe Arbeitswerth v gehört. Denn so lange wir noch nicht wissen, dass, in denselben Einheiten gemessen, $w-q=v$ sein muss, kann offenbar $p \lesseqgtr v$ sein, ohne dass die Gleichung $w-q=p$ hiervon berührt wird.

Mayer setzt also bei seinen Schlüssen, die ihn zu der Aequivalenz von Wärme und Arbeit führen sollten, dieselbe thatsächlich bereits voraus.

Diese Vorwegnahme des erst zu beweisenden Gesetzes ist hier nur angemerkt; weil gewöhnlich Mayer's physiologische Schlussfolgerungen als einwandsfrei reproduzirt werden, so dass der Anschein entsteht, als ob er durch regelrechte Induktion zu der Idee der Kraftverwandlung vorgedrungen sei, was er selbst wohl auch geglaubt hat. Das ist aber nicht richtig: was ihn in der von ihm beobachteten physiologischen Erscheinung die Aequivalenz von Wärme und Arbeit ahnen liess, war sein wunderbares intuitives Naturverständniss.

Doch er begnügt sich nicht mit einem flüchtigen Blick in das neue Gebiet der Erkenntniss: sein Genius offenbart ihm, dass das Geahnte nur von der Höhe logisch-mechanischer Ideen klar zu erkennen ist, und so bemüht er sich, zu ihnen empor zu klimmen.

Begeisterung will sich aber mittheilen; er sandte daher, im Februar 1841 von seiner Reise zurückgekehrt, bereits im

Juni desselben Jahres an Poggendorff zur Aufnahme in die »Annalen« einen Aufsatz »Ueber die quantitative und qualitative Bestimmung der Kräfte«, der nichts von Physiologie, sondern nur abstrakte logische und mechanische Erörterungen enthält.[1])

Der gelehrte Herausgeber der »Annalen« druckte jedoch das Manuskript weder ab, noch sandte er es dem Verfasser auf dessen Ersuchen zurück, und liess auch dessen wiederholte schriftliche Anfragen nach dem Verbleib seines Eigenthums unbeantwortet.[2])

Letzteres war jedenfalls unangemessen; er musste sehen, dass der Einsender kein gewöhnlicher Geist war und Aufmunterung verdiente. Dagegen ist aus der Nichtaufnahme der Arbeit in die »Annalen« Poggendorff kaum ein Vorwurf zu machen; denn ihr Inhalt war zur Veröffentlichung noch allzu nebelhaft; obwohl einzelne sehr bedeutende Gedanken bereits klar hervortreten. Ein ideeller Schaden entstand auch aus ihrer Ablehnung für Mayer nicht: sie wäre wahrscheinlich unbeachtet geblieben, und seine Priorität bezüglich der Erhaltung der Energie ist ohnehin zweifellos.

Aber für die Entwickelungsgeschichte Mayer's ist sein erster energetischer Versuch wichtig; weil die Wurzeln der wichtigsten Ideen, die er später ausgesprochen hat, alle schon darin zu finden sind.

In dieser Beziehung sei nur Folgendes kurz hervorgehoben.

Er bestimmt die Kräfte bereits als Ursachen[3]) und spricht auch das Prinzip der Kraftverwandlung aus:

> »Der Grundsatz, dass einmal gegebene Kräfte, gleich den Stoffen quantitativ unveränderlich sind, sichert uns begrifflich den Fortbestand der Differenzen und damit den der materiellen Welt. Sowohl die Wissenschaft, nehmen wir also an, welche sich mit der Art des Seins der Stoffe (Chemie) als die, welche sich mit der Art des Seins der Kräfte (Physik) beschäftigt, haben die Quantität ihrer Objekte als das Un-

[1]) Derselbe fand sich im Nachlass von Poggendorff vor, und ist abgedruckt in: »Kleinere Schriften« u. s. w. S. 100—107.

[2]) M. vergl. daselbst, S. 101, Z. 1 v. o.

[3]) a. a. O.

veränderliche und nur die Qualität derselben als das Veränderliche zu betrachten.«[1])

Schief ist hierin die Unterscheidung von Chemie und Physik als Stoff- und Kraftlehre; er spricht dieselbe auch in seinen späteren Schriften aus; aber die Chemie ist selbstverständlich ebenfalls Kraftlehre.

Die nun folgenden Erörterungen über mechanische Vorgänge leiden an dem Fehler, dass Mayer als Mass der Kraft die Bewegungsgrösse statt der lebendigen Kraft einführt.

Seltsam sind auch seine Bemühungen, die qualitativen Kraftänderungen durch mathematische Formeln zu veranschaulichen. Er macht sich dabei nicht klar, dass die Mathematik eben nur Grössen darstellt, und dass sie sich daher auch der Kraftverwandlung nur in Form einer Grössenänderung der Krafteinheit bemächtigen kann.

Aber unter seinen pseudomathematischen Formeln leuchtet der folgende Satz glänzend hervor:

»*Bewegung, Wärme, und, wie wir später zu entwickeln beabsichtigen, Elektrizität sind Erscheinungen, welche auf Eine Kraft zurückgeführt werden können, einander messen und nach bestimmten Gesetzen ineinander übergehen.*«[2])

Das ist das Prinzip der Erhaltung der Energie, vollkommen klar ausgesprochen.

Mayer war allzu sehr von der Wahrheit seiner Naturauffassung überzeugt, als dass der äussere Misserfolg, von deren erster Darlegung sein begeistertes Vordringen auf der eingeschlagenen Bahn hemmen konnte. Im Jahre 1842 erschienen seine »Bemerkungen über die Kräfte der unbelebten Natur«,[3]) worin er nach einer logischen Einleitung das Prinzip der Erhaltung der Energie für mechanische und Wärmeerscheinungen betrachtet, und 1845 die grosse Abhandlung über »Die organische Bewegung in ihrem Zusammenhang mit dem Stoffwechsel«.[4]) Hierin kehrt er wiederum zu dem Ausgangspunkt seiner energetischen Untersuchungen,

[1]) S. 101, Z. 19 v. u. ff.

[2]) S. 105, Z. 17 v. u. ff.

[3]) In »Annalen d. Chemie u. Pharmacie«, Maiheft.

[4]) Heilbronn, C. Drechsler.

der Physiologie, zurück; unternimmt es jedoch, zuvor in einer Einleitung das genannte Prinzip in allen Zweigen der Physik nachzuweisen.

Indem ich mir nun in der vorliegenden Schrift bezüglich Robert Mayer's die Aufgabe stelle, durch eingehende Erörterung seiner thatsächlichen Angaben und Schlussfolgerungen zu ermitteln, was er zur Begründung des Prinzips der Energieerhaltung in der Physik beigetragen hat, sind vor Allem diese Einleitungund die »Bemerkungen über die Kräfte u. s. w.« zu berücksichtigen; sie werde ich daher der folgenden Untersuchung fast ausschliesslich zu Grunde legen. Werthvolle Erläuterungen zu ihnen enthalten die »Bemerkungen über das mechanische Aequivalent der Wärme«, aus denen ebenfalls Einzelnes entnommen ist. Auch aus Mayer's Briefwechsel sind Aufschlüsse über seine Ideen zu entnehmen. Ferner giebt der Aufsatz »Ueber Auslösung« eine wesentliche Ergänzung seiner Auslegung des Kausalgesetzes, die an geeigneter Stelle eingeschaltet ist.

Nicht eingehen werde ich auf den physiologischen Theil in »Organische Bewegung« und auf die »Beiträge zur Dynamik des Himmels«, so wichtig auch beide Arbeiten sind; weil sie Anwendungen des bereits als feststehend angenommenen Prinzips der Energieerhaltung sind; während hier diejenigen Thatsachen und Schlüsse untersucht werden sollen, durch die Mayer es zu begründen suchte.

Ebenso sind von der Erörterung ausgeschlossen Aeusserungen, die sich auf den sogenannten zweiten Hauptsatz beziehen.

Bei der Erörterung der einzelnen Gruppen von Vorgängen werde ich die Reihenfolge innehalten, die in »Organische Bewegung« besteht, aber die Belegstellen aus dieser, oder aus den »Bemerkungen über die Kräfte«, oder auch aus beiden wählen, je nachdem sich der Autor in der einen oder anderen Schrift am deutlichsten ausgesprochen hat, oder seine Aeusserungen aus anderen Gründen hervorzuheben sind.

Logische Prinzipien.

R. Mayer's Auslegung des Kausalgesetzes. — Beispiel einer Kausalverbindung nach Schopenhauer und R. Mayer aufgefasst. — Mill, Wundt. — Zeitlicher Zusammenhang von Ursache und Wirkung. — R. Mayer's Eintheilung der Ursachen.

Mayer geht bei seiner Begründung der Erhaltung der Energie von dem Kausalgesetze aus, das er in den »Bemerkungen über die Kräfte der unbelebten Natur« in folgender Weise formulirt:

> »Kräfte sind Ursachen: mithin findet auf dieselben volle Anwendung der Grundsatz: causa aequat effectum. Hat die Ursache c die Wirkung e, so ist c = e; ist e wieder die Ursache einer anderen Wirkung f, so ist e = f, u. s. f. c = e = f . . . = c. In einer Kette von Ursachen und Wirkungen kann, wie aus der Natur einer Gleichung erhellt, nie ein Glied oder ein Theil eines Gliedes zu Null werden. Diese erste Eigenschaft aller Ursachen nennen wir ihre Unzerstörlichkeit.«[1])

In der Abhandlung über die organische Bewegung spricht er sich in demselben Sinne aus, nur dass an die Stelle von causa aequat effectum die Sätze ex nihilo nil fit, nil fit ad nihilum treten.

Der Satz causa aequat effectum ist aber ganz unbestimmt, und die anderen beiden logischen Aussprüche gelten zunächst für die Körper, wogegen sie Mayer auf deren Zustandsänderungen deutet: um seine Berechtigung dazu

---

[1]) Bemerkungen S. 23.

nachzuweisen, musste er also jedenfalls die Beziehung zwischen den Körpern und ihren Zuständen logisch erörtern, was er unterlassen hat. Auch was er dann weiter zur Begründung des Kausalgesetzes anführt, kann nicht befriedigen.

> »Hat die gegebene Ursache c eine ihr gleiche Wirkung e hervorgebracht, so hat eben damit c zu sein aufgehört; c ist zu e geworden; wäre nach der Hervorbringung von e, c ganz oder einem Theile nach noch übrig, so müsste dieser rückbleibenden Ursache noch weitere Wirkung entsprechen, die Wirkung von c überhaupt also $>$ e ausfallen, was gegen die Voraussetzung c = e. Da mithin c in e, e in f u. s. w. übergeht, so müssen wir die Gründe als verschiedene Erscheinungsformen eines und desselben Objektes betrachten . . . Ursachen sind (quantitativ) unzerstörliche und (qualitativ) wandelbare Objekte.«

Wie können wir aber wissen, ob c = e ist; da doch c und e qualitativ verschieden sind. Offenbar nur, weil c verschwindet, wenn e entsteht. So setzen wir 425 Mk. gleich oder vielmehr gleichwertig 1 Cal.; weil durch Verschwinden der ersteren die letztere entsteht. Mayer's Schluss kommt also auf den Zirkel hinaus: weil die Ursache c gleich der Wirkung e ist, verschwindet c, wenn e entsteht; und weil die Ursache c verschwindet, wenn die Wirkung e entsteht, ist c = e.

Einen logischen Beweis seiner Formulirung des Kausalgesetzes hat somit Mayer in seinen vorstehenden Sätzen nicht gegeben.

Ebenso wenig aber konnte er sie als einen empirisch begründeten Satz aufstellen. Allerdings wusste man, als er schrieb, dass z. B. beim Erhitzen von Wasser Wärme verschwindet; aber man nahm an, dieselbe sei nur für die Wahrnehmung verschwunden und im Wasser latent enthalten. Die Behauptung, dass zu jeder zunehmenden Zustandsänderung eine abnehmende gehört, und dass beide in konstantem Verhältniss zu einander stehen, war also erst zu erweisen.

Mayer ist demnach von einer logischen Hypothese ausgegangen, die sich aber, wie ich denke, beweisen lässt;

doch sind dazu weitergehende logische Erörterungen nothwendig, worauf ich hier nicht eingehen will.[1])

Leicht zu beweisen ist dagegen der allgemeinere darin enthaltene Satz, dass die Ursache jeder Zustandsänderung wiederum eine Zustandsänderung ist, und dass beide Aenderungen in einem konstanten Grössenverhältnisse zu einander stehen.

Denn erstens kann offenbar die Ursache einer zeitlichen Aenderung wiederum nur eine zeitliche Aenderung sein; weil eine allezeit gleiche Ursache gar keinen hinreichenden Grund dafür geben würde, dass eine zeitliche Aenderung in einem bestimmten Momente eintritt, und zweitens muss das Grössenverhältniss zwischen Ursache und Wirkung konstant sein; weil wiederum für die Ungleichheit der Wirkungen bei genau gleichen Ursachen kein hinreichender Grund anzugeben wäre.

Es entsteht nun die Frage, ob Mayer's logische Hypothese als solche berechtigt war.

Stellt man sich auf einen roh empiristischen Standpunkt, so wird man jede allgemeine Hypothese gelten lassen, die sich zur Ordnung der bekannten und zur Auffindung neuer Thatsachen nützlich erweist. Aber bei einer etwas höheren Auffassung der Wissenschaft werden wir Hypothesen, die wir als metaphysisch erkennen, in keinem Falle dulden, mögen sie vorläufig auch noch so brauchbar sein: denn sie widersprechen den Prinzipien aller wahren Naturerkenntniss.

Bevor wir uns also weiter auf Mayer's Gedankengang einlassen, müssen wir untersuchen, ob er uns nicht etwa in das Gebiet der Metaphysik hinüber zu locken sucht, und wir sind hierzu um so mehr genöthigt, da von Helmholtz es für gut befunden hat, ihm ein »Liebäugeln mit der Metaphysik«[2]) vorzuwerfen.

Es ist übrigens sehr leicht, über diesen Punkt ins Reine zu kommen.

---

[1]) Ihre logische Begründung in kurzer vorläufiger Form habe ich versucht in meiner Schrift »Ueber den Beweis des Prinzips von d. Erhaltung d. Energie«. Mayer u. Müller. Berlin, 1891.

[2]) v. Helmholtz, Vorträge u. Reden. Braunschweig 1889, S. 69, Z. 6 v. u. ff.

Mayer's Auslegung des Kausalgesetzes bezieht sich auf die erscheinende Natur. Jedes Werden in ihr ist, wie er behauptet, mit einem Vergehen verbunden, und beide sollen von gleicher Grösse sein. Diese Meinung mag noch nähere Angaben bedürfen, um bestimmt zu sein, sie mag überhaupt wahr oder falsch sein; aber metaphysisch ist sie doch sicherlich nicht.

Wir sehen z. B., dass ein Gewicht gehoben werden kann, indem ein anderes sinkt, d. h. der Abstand des einen Gewichtes vom Erdmittelpunkte nimmt zu, während der andere abnimmt; oder das Gewiaht kann auch gehoben werden, indem Wärme, z. B. zum Heizen einer Dampfmaschine verbraucht wird.

In beiden Fällen bemerken wir ferner, dass die Hebung des einen Gewichtes um so grösser ist, je tiefer das andere fällt, oder je mehr Wärme verbraucht wird. Wenn wir nun aus diesen und anderen Versuchen schliessen, die Zunahme der Erhebung eines Gewichtes sei mit einer ihr gleichen Abnahme eines anderen Zustandes nothwendig verbunden, und wenn wir ferner auf Grund sehr verschiedenartiger Beobachtungen ganz allgemein schliessen, jede Zunahme eines Zustandes sei mit einer ihr gleichen Abnahme eines anderen verbunden, und diesen Zusammenhang als Kausalität bezeichnen, so mag die Induktion ja unvollständig und die Bezeichnung ungeeignet sein, man mag überhaupt Vieles gegen sie einwenden können;[1]) aber von einem »Liebäugeln mit der Metaphysik« ist doch ganz und garnichts darin zu entdecken.

Kein Naturforscher war wohl auch freier von Metaphysik als Robert Mayer. Jedem, der seine Schriften unbefangen liest, muss klar werden, dass das Prinzip seiner Naturauffassung darin besteht, Thatsachen durch Thatsachen zu erklären, wie er auch an verschiedenen Stellen seiner Schriften ausdrücklich hervorhebt. Um sich davon zu überzeugen, brauchte von Helmholtz nur die ersten Seiten der »Bemerkungen über das mechanische Aequivalent der Wärme« durchzusehen; da konnte er gleich Folgendes lesen:

> »Die Regel, nach welcher verfahren werden musste, um die Fundamente der Naturkunde in der

[1]) M. vergl. weiter u. S. 19 ff.

denkbar kürzesten Zeit zu legen, lässt sich in wenige Worte fassen. Es müssen nämlich die nächstliegenden und häufigsten Naturerscheinungen mittels der Sinneswerkzeuge einer sorgfältigen Untersuchung unterworfen werden, die so lange fortzuführen ist, bis aus ihr Grössenbestimmungen, die sich durch Zahlen ausdrücken lassen, hervorgegangen sind.

Diese Zahlen sind die gesuchten Fundamente einer exakten Naturforschung.«[1])

Dieser eine Ausspruch sei für mehrere ähnliche hierher gesetzt.

In dem über von Helmholtz handelnden Abschnitte werden wir übrigens sehen, dass er selbst es nicht bei einem einem blossen »Flirt« mit der Metaphysik hat bewenden lassen, sondern Zeit seines Lebens zu ihr in sehr intimen Beziehungen gestanden hat.

Also Mayer's Auslegung des Kausalgesetzes ist nicht metaphysisch; ihre weitere Entwickelung ist vielmehr das sicherste Mittel, um die Metaphysik aus der Naturwissenschaft, in der sie noch immer wuchert, zu vertilgen, und eine so feste Verbindung zwischen Logik und Naturerkenntniss herzustellen, wie sie nie zuvor bestanden hat.

Denn, wenn wir erkennen, dass jede Erscheinung durch eine Erscheinung verursacht wird, und eine Erscheinung zur Wirkung hat, so kann es uns nicht beifallen, über die »letzten Ursachen« der unendlichen Ketten der Erscheinungen und über das, was »hinter den Erscheinungen steht«, metaphysische Untersuchungen anzustellen, wie wir sie bei von Helmholtz antreffen werden.

Und wenn wir weiter erkennen, dass die kausal mit einander verbundenen Erscheinungen in einem konstanten Grössenverhältnisse zu einander stehen, so vermögen wir die Ursache eines gegebenen Vorganges zu begrenzen, und so das Kausalgesetz für die Naturerkenntniss wirklich nutzbar zu machen, während es früher in ihr eine zwar hochgeehrte im Grunde aber ganz einflusslose Stellung einnahm.

Zur richtigen Würdigung von Mayer's Auslegung des Kausalgesetzes wird es beitragen, wenn wir sie mit

---

1) S. 237. a. E.

Aeusserungen einiger anderer Forscher über dasselbe Problem vergleichen.

Schopenhauer schreibt in seiner Abhandlung »Ueber die vierfache Wurzel des Satzes vom zureichenden Grunde«, deren erste Auflage im Jahre 1847, also etwa fünf Jahre nach Mayer's »Bemerkungen« erschien, Folgendes:[1])

> »Wenn ein neuer Zustand eines oder mehrerer realer Objekte eintritt, so muss ihm ein anderer vorhergegangen sein, auf welchen der neue regelmässig, d. h. allemal, so oft der erstere da ist, folgt. Ein solches Folgen heisst ein Erfolgen und der erstere Zustand die Ursache, der zweite die Wirkung. Wenn sich z. B. ein Körper entzündet, so muss diesem Zustande des Brennens vorhergegangen sein ein Zustand 1. der Verwandtschaft zum Oxygen, 2. der Berührung mit dem Oxygen, 3. einer bestimmten Temperatur. Da, sobald dieser Zustand vorhanden war, die Entzündung unmittelbar erfolgen musste, diese aber erst jetzt erfolgt ist, so kann auch jener Zustand nicht immer da gewesen, sondern muss erst jetzt eingetreten sein. Dieser Eintritt heisst eine Veränderung. Daher steht das Gesetz der Kausalität in ausschliesslicher Beziehung auf Veränderungen und hat es stets nur mit diesen zu thun. Jede Wirkung ist, bei ihrem Eintritt, eine Veränderung und giebt, eben weil sie nicht schon früher eingetreten, unfehlbare Anweisung auf eine andere, ihr vorhergegangene Veränderung, welche, in Beziehung auf sie, Ursache, in Beziehung auf eine dritte, ihr selbst wieder nothwendig vorhergegangene Veränderung aber Wirkung heisst. Dies ist die Kette der Kausalität: sie ist nothwendig anfangslos.«

Schopenhauer kommt also mit Mayer darin überein, dass die Ursache einer Zustandsänderung wiederum eine Zustandsänderung sein muss; aber er lässt die quantitative Beziehung zwischen Ursache und Wirkung unberücksichtigt,

---

[1]) Dritte Aufl. von J. Fraunstädt. Leipzig, Brockhaus, 1864, S. 34, Z. 9 v. o. ff.

wodurch seine Bestimmung des kausalen Zusammenhanges für die Erkenntniss des von ihm betrachteten Vorganges werthlos wird.

Da die Verbrennung eine Zustandsänderung ist, musste er nach dem von ihm selbst bezüglich der Kausalität Festgesetzten, streng genommen, nicht die unter 1—3 aufgeführten Zustände, sondern deren Aenderungen als Ursache des genannten Vorganges bezeichnen.

Wenn also z. B. ein Kilo Wasserstoff in Sauerstoff verbrennt, so soll die Ursache davon sein:

1. die Aenderung der Verwandtschaft zwischen Wasserstoff und Sauerstoff, 2. die Aenderung ihrer gegenseitigen Entfernung, 3. die Aenderung ihrer Temperatur.

Sind diese drei Aenderungen die vollständige Ursache der Verbrennung, so muss letztere immer, wenn erstere in gleicher Weise und in gleicher Grösse vorhanden sind, auch in gleicher Weise und Stärke erfolgen, und umgekehrt; denn es würde jeder zureichende Grund dafür fehlen, wenn gleiche Ursachen ungleiche Wirkungen oder gleiche Wirkungen ungleiche Ursachen hätten.

Wir wissen aber, dass die Verbrennung des Wasserstoffs oberhalb einer gewissen Grenze bei verschiedenen Temperaturen ganz in derselben Weise erfolgt.

Ebenso ist sie in gewissen Grenzen auch von der Dichte beider Gase unabhängig. Mit letzterer aber muss sich die Innigkeit ihrer gegenseitigen Berührung ändern; denn je geringer die Dichte ist, desto geringer ist die in einem Raumelemente enthaltene Masse.

Also kann sich der Ursachenkomplex 1—3 sehr wesentlich ändern, ohne dass sich die Wirkung ändert; derselbe kann folglich nicht deren vollständige Ursache darstellen, sondern muss mehr oder weniger enthalten, als für sie nothwendig ist.

Die Kausalität des betrachteten Vorganges wird demnach durch Schopenhauer nicht befriedigend bestimmt. Hierzu kommt noch, dass er von der chemischen Kraft schreibt:

> »Jede ächte, also wirklich ursprüngliche Naturkraft aber, wozu auch jede chemische Grundeigenschaft gehört, ist wesentlich qualitas occulta, d. h. keiner

physischen Erklärung weiter fähig, sondern nur noch einer metaphysischen, d. h. über die Erscheinung hinausgehenden. Jene Verwechselung, oder vielmehr Identifikation, der Naturkraft mit der Ursache hat nun aber keiner so weit getrieben, wie[1]) u. s. w. . . .«

Hiernach sind die chemischen Grundeigenschaften Kräfte, nicht Ursachen, wogegen oben die chemische Verwandtschaft unter den Ursachen der Verbrennung aufgeführt wurde: also wäre die chemische Verwandtschaft keine chemische Grundeigenschaft oder Kraft! Das ist vollständige Begriffsverwirrung. Wenn Schopenhauer wenigstens hätte sagen wollen, was er sich unter chemischer Verwandtschaft denkt; doch davon erfährt man nichts. Da ist denn doch die Art, wie der logisch ungeschulte R. Mayer die Kausalität auslegt, vorzuziehen.

Danach wäre die Ursache des betrachteten Vorganges in folgender Weise zu bestimmen.

Die Verbrennung ist ein zusammengesetzter Vorgang, wobei verschiedene Erscheinungen, wie Wärme- und Lichtwirkungen mit einander verbunden sind; wir würden also deren Ursachen gesondert untersuchen. Betrachten wir z. B. die dabei erfolgende Wärmeentwickelung, so steht mit ihr allein die Aenderung der chemischen Energie in einem bestimmten quantitativen Verhältnisse; diese allein würde demnach auch im Sinne Mayer's als Ursache der Verbrennungswärme zu bezeichnen sein.

Nun muss man freilich fragen, woher denn die Aenderung der chemischen Energie in einem bestimmten Momente erfolgt; worauf mit Mayer zu antworten wäre: durch »Auslösung«,[2]) d. h. durch eine Energie, die zur Aufhebung des chemischen Gleichgewichts nothwendig ist, die daher von dessen Stabilität und nicht von dem Betrage der Verbrennungswärme abhängt.

Im vorliegenden Beispiele würde die Auslösung durch die Temperaturänderung und gegenseitige Berührung der beiden Körper bewirkt. Auslösend wirkt eine Energie auf

---

[1]) a. a. O. S. 46, Z. 16 v. o. ff.

[2]) M. vergl. dessen Aufsatz über Auslösung, worin er jedoch hauptsächlich physiologische Vorgänge berücksichtigt.

ein Körpersystem, wenn sie darin innere Energie freimacht, wie z. B. die Energie, die ein gehobenes Gewicht zum Fallen bringt.

Bezeichnet man sämmtliche Aenderungen, die nothwendig und hinreichend sind, damit eine gewisse Aenderung eintritt, als die vollständige Ursache der letzteren, so würde die vollständige Ursache eines mit Auslösung verbundenen Vorganges aus der Ursache der frei werdenden inneren Energie und aus der Ursache der Aufhebung des Gleichgewichtes bestehen. Ist das Gleichgewicht wenig stabil, und die auslösende Energie somit nur sehr gering, wie bei den Vorgängen, die im engeren Sinne als Auslösungen bezeichnet werden, so kann sie unter Umständen unberücksichtigt bleiben, und man betrachtet das Freiwerden der inneren Energie als den gesammten Vorgang.

Im vorliegenden Falle besteht also die vollständige Wirkung der Aenderung in der chemischen Energie und der Auslösungsenergie in der Wärmeentwicklung und der Arbeit gegen das chemische Gleichgewicht, und es sind die beiden Theile der Wirkung den beiden Theilen der Ursache bezw. gleichwerthig.

Die auslösende Energie bedarf nun wiederum einer Ursache u. s. f.; alle diese Vorgänge würden sich zu der frei werdenden inneren Energie, im vorliegenden Falle also zur Wärmeentwickelung, als entferntere Auslösungen verhalten. So entstehen zwei verschiedene kausale Ketten, die der inneren Energie und die der Auslösung, die sich gleichsam in einem Punkte kreuzen, in deren jeder aber das Gesetz der Gleichwerthigkeit von Ursache und Wirkung gilt. Mayer's Auffassung der Kausalität ermöglicht hiernach, wenn sie auch noch sehr der Entwickelung bedarf, doch bereits eine geordnetere Betrachtung der Naturvorgänge als z. B. diejenige Schopenhauer's

Auch St. Mill weiss über die Kausalität nur so unbestimmte Angaben zu machen, wie die folgende:

> »Wissenschaftlich gesprochen, besteht also die Ursache aus der Summe der positiven und negativen Bedingungen. aus dem Ganzen von Ereignissen

jeder Art, denen die Wirkung unveränderlich folgt, wenn sie realisirt werden.«[1])

Solche Aeusserungen sind offenbar für die positive Naturerkenntniss ganz unfruchtbar. Schliesslich sei noch Herrn Wundt's Meinung erwähnt.

Nach ihm lautet die »rein phänomenologische Formel« des Kausalgesetzes wie folgt:

»Jedes Geschehen steht mit einem andern Geschehen in einem unabänderlichen Zusammenhange.«[2])

Hierin wird also auch eine Aenderung nur mit Aenderungen kausal verbunden; jedoch sehr viel unbestimmter als von Mayer.

Als Beispiel einer Kausalverbindung führt Herr Wundt aber dann die Gleichung zwischen Arbeit und lebendiger Kraft an;[3]) ganz in Uebereinstimmung mit dessen Vorstellungen, wie wir alsbald sehen werden.

Um Einsicht in Mayer's Theorie zu erhalten, müssen wir noch kurz den zeitlichen Zusammenhang von Ursache und Wirkung erörtern.

Jede Wirkung X muss mit einem Vorgange A, der ihre vollständige Ursache ist, zeitlich so zusammenhängen, dass die verschwindend kleinen successiven Aenderungen von X und die ihnen gleichwerthigen von A entweder gleichzeitig oder zu unendlich wenig von einander verschiedenen Zeiten erfolgen: ist also irgend ein endlicher Theil von A verschwunden, so muss auch, bis auf ein unendlich kleines Intervall, gleichzeitig der ihm gleichwerthige Theil von X vorhanden sein.

Denn die zeitliche Fernwirkung ist ein Unding, ebenso wie die räumliche. Mit letzterer werden wir uns weiter unten zu beschäftigen haben; um den Widersinn der ersteren zu erkennen, braucht man nur zu berücksichtigen, dass ein Körper, der wirkt, für uns eben existiert, da wir gar kein anderes Mittel haben, sein Dasein zu erkennen, als seine Wirkungen, und aus letzteren auf das Vorhandensein eines Wirkenden schliessen. Wenn

---

[1]) System d. Logik übers. v. Schiel, Braunschweig 1862, S. 393.

[2]) W. Wundt, Die physikalischen Axiome. Erlangen. F. Enke, 1866, S. 97.

[3]) a. a. O. S. 103, Z. 5 v. u.

z. B. ein Körper andere erwärmt, so nehmen wir ihn wahr als warm, und er ist für uns da. Besteht also die Wirkung X in der Erwärmung eines Körpers, und A ist die Ursache davon, so nehmen wir A zu derselben Zeit, da die Erwärmung X erfolgt, als warm wahr. Aendert sich die Erwärmung nicht mehr und der Körper A hätte gar keine andere Wirkung als diese, so würde er für unsere Wahrnehmung verschwinden. Analoges gilt offenbar auch für die Zustandsänderungen anderer Art.

Um Missverständnissen zu begegnen, sind jedoch zwei Punkte hervorzuheben.

Erstens gilt Vorstehendes nur für die unmittelbare Ursache einer Wirkung oder mit anderen Worten, es muss mit jedem Vorgange gleichzeitig ein anderer erfolgen, der den Bedingungen einer vollständigen Ursache des ersteren genügt, und dann seine unmittelbare Ursache heisst. Wird nun z. B. ein Metallstab an einem Ende durch eine Flamme erwärmt, so ist deren Wärmeentwickelung nur für die Erwärmung derjenigen Metalltheile, die sie berührt, unmittelbare Ursache; dagegen wird die Erwärmung der im Inneren des Stabes liegenden Theilchen durch die Wärme der sie berührenden unmittelbar verursacht.

Zweitens sind nach Mayer Ursache und Wirkung *Aenderungen;* die Wärme von X ist also nur so lange sie sich ändert, Wirkung von A und ein darauf folgendes Wärmegleichgewicht gehört nicht mehr zu dem kausalen Zusammenhange (A, X).

Die Zustandsänderung A als Ursache und die Zustandsänderung X als Wirkung bilden somit zwei unmittelbar zusammenhängende Glieder einer kausalen Kette: geht X in ein Gleichgewicht über, so ist die Kette vorläufig zu Ende.

Nach Mayer soll aber jede Kette unendlich sein, die Wirkung X muss somit einmal Ursache werden; bestand X z. B. in einer Erwärmung, so muss sich der erwärmte Körper einmal abkühlen.

Da alle Zustände veränderlich sind, wird man zugeben, dass diese Bedingung irgend einmal erfüllt wird. Wie lange das Gleichgewicht, in das die Wirkung X übergegangen ist, andauert, kommt dabei nicht in Betracht: für zwei unmittelbar zusammenhängende Glieder (A X) einer kausalen Kette ist Gleichzeitigkeit nothwendig; nicht aber für deren Anschluss an ein drittes Glied Y, der dadurch vermittelt wird, dass die Wirkung X sich in eine Ursache verwandelt. Die Fortsetzung der kausalen Kette (A, X) wird bewirkt, indem sie sich mit einer anderen Kette kreuzt, wobei innere Energie frei werden, d. h. Auslösung erfolgen kann, oder auch nicht. Die Gleichgewichtszustände, die bis zur Fortsetzung einer Kette andauern, gehören nicht in sie hinein; sie sind für die Kausalität indifferent. Ganz analog ist selbstverständlich auch die Kausalität von A und dessen Ursache zu erörtern u. s. f.

Vorstehende Bestimmungen über die Kausalität ergeben sich aus Mayer's Aphorismen; ihre weitere Ausführung behalte ich mir für einen anderen Ort vor.

Derselbe unterscheidet dann zwei Arten von Ursachen. Materien und Kräfte.[1]) Was unter »Kraft« zu verstehen ist, giebt er zunächst nicht an; später erfahren wir jedoch, dass der Ausdruck im Sinne von Energie zu nehmen ist.

Diese Unterscheidung ist nun jedenfalls nicht haltbar: eine wirkende Materie ist »Kraft« im Sinne Mayer's, d. h. Energie; eine Materie, die wirkt und nicht Energie ist, ist ein Unding. Mayer ist zu seiner Einteilung der Ursachen wahrscheinlich durch seine Vorstellungen über die chemischen Vorgänge verleitet worden, auf die ich weiter unten eingehen werde.

Die Kräfte bezeichnet er auch als Imponderabilien, woraus jedoch nicht gefolgert werden darf, dass er sie für Stoffe hielt, sondern er bequemt sich nur dem damaligen Sprachgebrauch an: eine Kraftintensität ist eben auch ein Imponderabile.[2])

---

[1]) Bemerkungen, S. 24, Z. 15 v. o. ff. und in demselben Sinne, wenn auch nicht so deutlich in Org. Bewegung, S. 48, Z. 15 v. o. ff.

[2]) Mech. d. W., S. 266, Z. 17 v. u. ff.: »Inzwischen geht wenigstens so viel aus dem Bisherigen hervor, dass es keine spezifischen Fluida sind, denen die Erscheinungen der Wärme, der Elektrizität und des Magnetismus ihr Dasein verdanken und es wird somit die schon vor einem halben Jahrhundert von Rumford behauptete Inmaterialität der Wärme durch die Auffindung des mechanischen Wärmeäquivalentes derselben zur Gewissheit.

Mechanische Vorgänge.

Gleichung zwischen Arbeit und lebendiger Kraft. — Das wahre Kausalverhältniss bei der Hebung und Senkung eines Gewichtes. — Kausalität und logischer Grund. – Energieübertragung. — Die Schwere keine Ursache: R. Mayer, Schopenhauer. — Einzelne Bemerkungen. — Rückblick.

R. Mayer wendet seine Auffassung der Kausalität zuerst auf die rein mechanischen Vorgänge an.

> »Gewichtserhebung ist Bewegungsursache, ist Kraft.«
>
> «Diese Kraft erzeugt die Fallbewegung, wir nennen sie Fallkraft.«
>
> »Wird eine Fallkraft in Bewegung, oder eine Bewegung in Fallkraft verwandelt, so bleibt die gegebene Kraft oder der mechanische Effekt eine konstante Grösse. Dieses Gesetz, eine spezielle Anwendung des Axioms der Unzerstörlichkeit der Kraft, wird in der Mechanik unter dem Namen Prinzip der Erhaltung lebendiger Kräfte aufgeführt.«[1])

Gegen diese Aussprüche sind aber doch Einwendungen zu erheben.

Unser Autor ging von dem Satze aus, dass in der Natur jedes Vergehen mit einem Werden kausal verbunden ist. Das war also eine Bestimmung des realen Grundes der Erscheinungen, die wir auf die Hebung und den Fall eines Gewichtes anwenden können, insofern wir an einen bestimmten realen Vorgang denken.

---

[1]) Organ. Bewegung. S. 50.

Nun aber setzt er an Stelle des konkreten fallenden Körpers die abstrakten mechanischen Begriffe der lebendigen Kraft und Arbeit, und nimmt stillschweigend an, dass die Gleichung zwischen ihnen den realen kausalen Zusammenhang in mechanischer Beziehung darstelle.

Aber ausser lebendiger Kraft und Arbeit lassen sich auch andere ebenso allgemeine Funktionen bilden, die die Hebung und Senkung eines Gewichtes mit derselben Genauigkeit darstellen wie jene.

Man könnte z. B. eine Gleichung $m v^2 = 2 m g h$ oder $m v = m \sqrt{2 g h}$ bilden; warum wird nun gerade die Gleichung $\frac{1}{2} m v^2 = m g h$ gewählt?

Zur Begründung ihrer Wahl wäre zu sagen: weil sie besonders zweckmässig ist; aber dieser Grund genügt doch nicht für das Fundament der Energetik.

Hier liegt in der That eine Lücke vor. Die Grundgleichung der ganzen Energetik scheint gewissermassen willkürlich oder mit Rücksicht auf praktische Zwecke aus der Schaar der möglichen Gleichungen herausgegriffen zu sein.

Diese Gleichung entspricht ferner garnicht den Bedingungen, die Mayer selbst an die Kausalität und deren Darstellung macht.

Ursache und Wirkung sollen quantitativ gleich, qualitativ verschieden sein, oder besser: sie sollen in einem konstanten Grössenverhältnisse zu einander stehen. Letzteres kommt in der Gleichung, die ein solches Kausalverhältniss darstellt, durch eine Verwandlungskonstante, wie das mechanische Wärmeäquivalent, zum Ausdruck, die das Verhältniss zwischen den Einheiten zweier verschiedener Energieformen angiebt. Eine solche Konstante ist aber in der Gleichung $\frac{1}{2} m v^2 = m g h$ nicht vorhanden.

Mayer glaubt sie allerdings in der Beschleunigung g zu finden, was jedoch nicht richtig ist[1]): denn erstens ist g

---

[1]) Bemerkungen über d. mechanische Aequivalent der Wärme, S. 250, Z, 13 v. o. ff.: Um nun diese beiden Objekte, die gehobene und die bewegte Last, welche keine gemeinschaftliche Massbestimmung gestatten, auf einander zu reduziren, dazu ist jene konstante Zahl nöthig, die man all-

streng genommen keine Konstante, während eine Aequivalenzzahl unbedingt konstant sein muss, und zweitens hat es nicht die Dimensionen einer Energie, wie sie eine Verwandlungskonstante haben muss.

Die obige Gleichung gilt unter der Voraussetzung, dass $v = \sqrt{2gh}$ ist, und ist alsdann eine Identität. Aber die letzte Gleichung bezieht sich offenbar garnicht auf zwei *verschiedene* Vorgänge; sondern sie drückt die Geschwindigkeit, die ein fallender Körper in einem Moment hat, durch eine Funktion seines Abstandes von der Erdoberfläche aus.

Wir haben also nur einen Vorgang, nämlich den Fall eines Körpers: an diesem wird einmal seine Geschwindigkeit, und dann sein Abstand von der Erdoberfläche bestimmt, und beide werden durch die vorstehende Gleichung in Beziehung zu einander gebracht.

Somit kann auch die Gleichung zwischen Arbeit und lebendiger Kraft, die aus der vorstehenden durch Erheben ins Quadrat und Multiplikation mit einer Konstanten, d. h. also durch rein algebraische Operationen folgt, sich nicht auf zwei verschiedene Vorgänge beziehen.

Wir wollen nun die genannte Gleichung auch analytisch darstellen.

Es seien V_1 und V_2 der Anfangs- und Endwerth, den das Gravitationspotential einer Masse m besitzt, die wir in ihrem Schwerpunkte enthalten annehmen, wenn sie auf die Höhe (1,2) gehoben wird, und W_1 und W_2 die dazu gehörigen Werthe der lebendigen Kraft. Dann erhält die Gleichung zwischen Arbeit und lebendiger Kraft die Form

$$W_1 - W_2 = V_2 - V_1 \quad \ldots\ldots \quad (1),$$

die leicht in die elementare Form überzuführen ist.

Denn bezeichnet r_1 den Radius, M die Masse der Erde, so ist ihre sogenannte beschleunigende Kraft $\frac{M}{r^2}$; und da dieser Ausdruck für geringe Erhebungen von der Erdoberfläche konstant gleich g gesetzt werden kann, erhält für die-

gemein mit g bezeichnet; mit dieser Zahl ist aber das mechanische Aequivalent der Wärme, durch welches das zwischen der Wärme und der Bewegung bestehende Verhältniss bestimmt wird, in eine und dieselbe Begriffskategorie bringen.

selben das Potential die Form $V = \frac{M}{r^2}\int d\,r$: folglich ist die Arbeit, wenn die Masse m auf die Höhe $r_2 - r_1 = h$ gehoben wird, $V_2 - V_1 = m\,g\,h$.

In der Gleichung (1) stellt die rechte Seite die Aenderung dar, die das Potential erleidet, wenn m die Strecke (1,2) durchfällt, und die linke die Aenderung der lebendigen Kraft für denselben Vorgang. Beide Seiten der Gleichung beziehen sich also auf ein und dieselbe Bewegung des Körpers, und stellen beide die Aenderung seiner aktuellen Energie, die er dabei erleidet, dar; aber in zwei verschiedenen Formen: die linke durch eine Funktion seiner Geschwindigkeit, die rechte durch eine Funktion des von ihm zurückgelegten Weges.

In dieser Gleichung hätte somit eine Verwandlungskonstante gar keine Stelle: denn sie enthält nicht verschiedene Energieformen, sondern nur verschiedene Darstellungsformen ein und derselben Energieform.

Dasselbe gilt also auch für die elementare Form der Gleichung (1); der Ausdruck m g h bezieht sich demnach nicht auf eine ruhende gehobene Masse, sondern auf die Hebung einer Masse.

Gehen wir zu unbestimmten Integralen über, so erhalten wir den Ausdruck

$$W + V = \text{Const.} \quad \ldots \ldots \quad (2)$$

Diese Gleichung giebt den mechanischen Zustand des Körpers für einen einzelnen Moment an. Sie stellt daher eigentlich auch keine Energiegrössen, sondern nur die Funktionen dar, deren Aenderungen erst die Energie sind.

Wird die Gleichung (2) als Ausdruck der Energie betrachtet, so entsteht der seltsame Widerspruch, dass man, da ihre Konstante willkürlich ist, die Energie eines Körpersystemes beliebig gross annehmen kann, während die Erhaltung der Energie als oberstes Naturgesetz ausgegeben wird. Denn zu sagen, die Konstante habe einen bestimmten Werth, den wir nur nicht kennen, wäre eine leere Ausflucht, da wir sie jedenfalls willkührlich bestimmen können. Dieser Widerspruch fällt fort, wenn wir uns daran erinnern, dass eben Energie eine Zustandsänderung ist, und sie somit nicht durch die Gleichung (2), sondern durch die Gleichung (1) dargestellt wird. Der »potentielle«, durch die Funktion V dargestellte Zustand entspricht der oben erwähnten Unterbrechung der kausalen Kette, die aber nur zeitweilig sein kann.

Die Gleichung (1) drückt eine zwischen zwei Momenten liegende Zustandsänderung aus; in dieser Beziehung entspricht sie also den Bedingungen die Mayer an eine Kausalverbindung stellt; aber es fehlen ihr die beiden dafür von ihm geforderten, qualitativ verschiedenen Zustandsänderungen, von denen die eine sich in die andere verwandelt.

Es tritt uns also bei der Anwendung seiner Kausalvorstellungen auf die mechanischen Vorgänge eine wesentliche Schwierigkeit entgegen, und es ist daher zu untersuchen, worin denn bei der Hebung und Senkung eines Gewichtes der Kausalzusammenhang besteht.

Zu dem Zwecke schicke ich einige Bemerkungen über die Uebertragung des Kausalverhältnisses von den realen Erscheinungen auf die aus ihnen entnommenen Abstrakta voraus.

Ein realer Grund kommt nur den realen Zustandsänderungen zu. Sondern wir aus ihnen einzelne Merkmale aus, so erhalten wir abstrakte Aenderungen: sollen zwei derselben als Grund und Folge mit einander verbunden sein, so müssen sie beide jedenfalls die realen Zustandsänderungen, woraus sie entnommen sind, mit dem gleichen Grad von Vollständigkeit beschreiben. Mit anderen Worten: wenn wir aus einer realen Ursache ein Merkmal absondern, so müssen wir auch aus ihrer Wirkung ein dem aus der Ursache abgesonderten gleichwerthiges Merkmal entnehmen; fahren wir so fort, so werden die von Wirkung und Ursache übrig bleibenden Abstrakta als Grund und Folge mit einander zu verbinden sein, nach dem Satze: Gleiches von Gleichem abgezogen giebt Gleiches.

Werden z. B. aus den beiden realen Vorgängen, die in der Hebung und Senkung eines konkreten Körpers bestehen, alle Merkmale ausser Gewicht, zurückgelegter Weg und Geschwindigkeit abgeschieden, so müssen die genannten beiden Vorgänge, insofern sie nur von Gewicht und Bewegung abhängen, in den zwei abstrakten Ausdrücken, die als Grund und Folge mit einander verbunden sein sollen, mit gleicher Vollständigkeit enthalten sein.

Dieser Bedingung genügt aber die Gleichung zwischen Arbeit und lebendiger Kraft nicht. Die lebendige Kraft drückt drückt in mechanischer Beziehung vollständig einen realen Vorgang aus: sie kann auf einen solchen ohne Weiteres angewendet werden. Der Ausdruck der Arbeit dagegen ist nur eine theoretische Grenze; da jede wirkliche Arbeit mit endlicher Geschwindigkeit erfolgt, während die Arbeit in der genannten Gleichung unendlich langsam angenommen ist.

Zur Feststellung der Kausalität ist somit die lebendige Kraft bei der Hebung des Gewichtes zu berücksichtigen.

Der Körper M werde auf die Höhe (1,2) mit gleichmässiger Geschwindigkeit gehoben, und besitze dadurch die lebendige Kraft p, die sich bei einer Senkung oder auch vorher in den äquivalenten Werth einer anderen Energieform, z. B. in die Wärme q umsetze, alsdann erhält die Gleichung (1), wenn $\frac{1}{A}$ das mechanische Wärmeäquivalent bedeutet, die Gestalt

$$V_2 - V_1 + p = W_1 - W_2 + \frac{1}{A} q. \qquad (3)$$

Diese Gleichung zerfällt in die beiden Gleichungen

$$V_2 - V_1 = W_1 - W_2 \text{ und } p = \frac{1}{A} q,$$

von denen die erste, wie gezeigt wurde, kein Kausalverhältniss darstellt; dagegen bezeichnet die zweite eine Energieverwandlung, wie sie zur Kausalität nach Mayer's Auffassung nothwendig ist.

Sind also ausser der Uebertragung der Energie p und der Einwirkung des anziehenden Körpers alle äusseren Einwirkungen von M ausgeschlossen, so wird in der Energieverwandlung $p = \frac{1}{A} q$ der kausale Zusammenhang der beiden betrachteten Vorgänge dargestellt sein.

Zu demselben Resultate gelangt man auch durch folgende Erwägungen.

Ein Körper kann nicht auf sich selbst wirken, wobei selbstverständlich verschiedene Körpertheile nöthigenfalls verschiedene Körper aufzufassen sind. Diese Bedingung wird ausgedrückt, wenn man sagt: ein Körperelement kann nicht auf sich selbst wirken, oder, mit Vermeidung unendlich kleiner Grössen, der wirkende und die Wirkung erleidende Körper können nicht gleichzeitig genau ein und denselben Raum einnehmen.

Ursächliche Energie muss also von einem Körper auf einen anderen übertragen werden, indem sie sich in die gewirkte Energie verwandelt.

Das geschieht bei der Energieverwandlung $p = \frac{1}{A} q$ nicht aber in der Gleichung (1), worin gar keine Energieübertragung dargestellt ist.

Zum Beweise betrachte ich gleich den allgemeinen Fall, dass zwei Körper M, M' sich beide unter Aenderung ihrer gegenseitigen Kräfte bewegen, indem sie von allen Einwirkungen dritter Körper isolirt sind, und die inneren Kräfte in jedem konstant bleiben. Bezeichnet W die lebendige Kraft von M, W' die von M', V ihr gegenseitiges Potential, so ist ein Element des angenommenen Vorganges gegeben durch die Gleichung

$$d W + d W' + d V = 0.$$

Das Differenzial d V zerfällt in zwei Theile, der eine ist nach den Koordinaten von M, der andere nach denen von M' differenzirt. Bezeichnet man den ersten mit $d V_m$, den zweiten mit $d V_{m'}$, und berücksichtigt, dass die vorstehende Gleichung eine Identität ist, so erhält man demnach aus ihr zwei Gleichungen

$$d W + d V_m = 0, \text{ und } d W' + d V_{m'} = 0,$$

die bezw. die Aenderungen der Energie von M und M' darstellen; da sie Null sind, findet keine Energieübertragung statt.[1])

Als Mayer schrieb, glaubte man die Ursache des Falles der Körper in der sogenannten Schwerkraft zu finden, und überhaupt wurden, wie auch jetzt noch häufig, Fernkräfte,

[1]) Bezüglich der Energieübertragung vergl. m. Th. Gross, Ueber Stromarbeit II. Elektrochemische Zeitschrift 1897, 11.

die im Raume veränderlich, in der Zeit unveränderlich sein sollen, als letzte Ursachen aller Naturvorgänge angenommen. Mit dieser Auffassung der Kausalität, die der seinigen durchaus widersprach, musste er sich daher auseinandersetzen. Treffend bemerkt er darüber:

> »Heisst man die Schwere eine Kraft, so denkt man sich damit eine Ursache, welche, ohne selbst abzunehmen, Wirkung hervorbringt, hegt damit also unrichtige Vorstellungen über den ursächlichen Zusammenhang der Dinge.«[1])

D. h. mit anderen Worten, wie schon oben hervorgehoben wurde, eine Ursache, die zu allen Zeiten unverändert ist, kann einen zureichenden Grund für das zeitliche Eintreten eines Vorganges geben.

Ganz in demselben Sinne äussert er sich ausführlich in den »Bemerkungen über das mechanische Aequivalent der Wärme«[2]) woraus hier nur folgende Stelle angeführt sei:

»Man wende mir nicht ein, die Druck-‚Kraft', Schwer-‚Kraft', Kohäsions-‚Kraft' etc. sei die höhere Ursache des Drucks, der Schwere u. s. w. In den exakten Wissenschaften hat man es mit den Erscheinungen selbst, mit messbaren Grössen, zu thun; der Urgrund der Dinge aber ist ein dem Menschenverstande ewig unerforschliches Wesen — die Gottheit, wohingegen ‚höhere Ursachen', ‚übersinnliche Kräfte' u. dergl. mit all ihren Konsequenzen in das illusorische Mittelreich der Naturphilosophie und des Mystizismus gehören.«[3])

Was wir unmittelbar wahrnehmen, sind in der That stets wirkende Körper, die unter die Gattung Energie gehören: sondern wir aus letzterer einzelne Faktoren aus, wie z. B. das Gewicht, oder bilden wir mathematische Funktionen, die zu der Energie in gewisser Beziehung stehen, wie die Schwerkraft, so sind das Abstrakta, die nicht mehr eine Gattung des Wahrgenommenen bezeichnen, da sie sich der Energie weder über- noch unterordnen lassen, d. h. dieselbe kann

---

1) Bemerkungen, S. 25 Z. 12 v. o. ff.

2) S. 250 ff.

3) S. 261, Z. 4 v. u. ff.

nicht durch einfache Subtraktion oder Addition von Merkmalen in sie übergeführt werden.

Mayer, der unter Kraft eine Energie, oder auch die durch die Energie gemessene konkrete Wahrnehmung verstand, musste die Bezeichnung der Schwere, Kohäsion u. s. w. als Kraft verwerfen und seine eifrige Polemik dagegen war eine nothwendige Folge seiner Grundvorstellungen; freilich dürfte er durch seine Umdeutung hergebrachter Bezeichnungen die Einführung seiner Ideen wesentlich gehemmt haben.[1])

Seine Schriften sind in verschiedenen Perioden der Entwickelung seiner Ideen entstanden; seine Aeusserungen über die sogenannten Kräfte sind daher nicht alle gleich klar: so bezeichnet er in den »Bemerkungen über die Kräfte« u. s. w. die Schwere als eine Eigenschaft des Körpers;[2]) doch in der zuletzt angeführten Stelle spricht er sich mit musterhafter Klarheit aus.

Es ist lehrreich, bezüglich der sogenannten Kräfte die Meinungen Schopenhauer's und Mayer's mit einander zu vergleichen.

Ersterer hält jede »ursprüngliche Naturkraft«, z. B. die Schwere, für eine metaphysische qualitas occulta, und nennt es absurd, sie zur Ursache oder Wirkung zu machen;[3]) soweit stimmt er also mit letzterem überein. Beide unterscheiden sich nur darin, dass der Philosoph die qualitates occultae für vollberechtigt ansieht, während der Naturforscher sie für Illusionen erklärt.

Schliesslich sei noch ein Versehen Mayer's erwähnt; weil es ihm öfters vorgeworfen worden ist.

Er setzt in der Gleichung zwischen Arbeit und lebendiger Kraft statt des halben das ganze Produkt mv^2 gleich der Arbeit. Heutzutage ist die genannte Gleichung in allen Lehrbüchern zu finden; ein derartiger Fehler würde daher ein

[1]) Eine weitere Erörterung des Problems der Fernkräfte erfolgt in dem über von Helmholtz handelnden Theile dieser Schrift: S.

[2]) S. 25, Z. 4 v. o. ff.

[3]) M. vgl. dessen oben S. 12 angeführte Aeusserung. In den ihr unmittelbar vorhergehenden Sätzen nennt er als ursprüngliche Naturkräfte Elektrizität, Schwere u. s. w., und erklärt es für absurd, sie zu Ursachen oder Wirkungen zu machen.

Zeichen grosser Flüchtigkeit oder Unkenntniss sein; damals aber war sie, sowie auch der Ausdruck der Arbeit, durchaus noch nicht allgemein verbreitet und in die Bücher eingeführt, auch bezeichnete man als lebendige Kraft das ganze Produkt mv^2. Diese Bezeichnung und seine kausalen Vorstellungen, wonach die ganze lebendige Kraft die Wirkung der Arbeit sein musste, mögen ihn wohl verführt haben.

Dass er zur selbstständigen Entwickelung derartiger Formeln fähig war, beweist seine Bestimmung des Maximums der Geschwindigkeit, die ein aus unendlicher Höhe freifallender Körper erreicht.[1])

Blicken wir auf Mayer's Erörterung der mechanischen Vorgänge zurück, so erscheint als deren wichtigstes Ergebniss die Einführung der Fallkraft, deren Ableitung aus dem Kausalgesetze allerdings, nach meiner Meinung, noch mit wesentlichen Unklarheiten behaftet war. Auch konnte diese Neuerung in der Auffassung längst bekannter Vorgänge nur von denjenigen gewürdigt werden, die bereits zur Erkenntniss der Erhaltung der Energie vorgedrungen waren.

---

[1]) M. vergl. »Die organ. Bewegung« S. 60 und »Dynamik des Himmels« S. 167. Mayer's Formel $v = \sqrt{2\,g\,r}$, worin g die Gravitationskonstante, r den Erdradius, v die Endgeschwindigkeit eines aus unendlicher Höhe auf die Erdoberfläche fallenden Körpers bezeichnet, ist ganz einfach in folgender Weise abzuleiten: Ist M die Masse der Erde, m die des fallenden Körpers, so ist seine lebendige Kraft, wenn er aus der Höhe R auf die Erdoberfläche fällt

$$\frac{1}{2}\,m\,v^2 = -\left(\frac{m\,M}{R} - \frac{m\,M}{r}\right).$$

Für $R = \infty$ wird folglich

$$\frac{1}{2}\,m\,v^2 = \frac{m\,M}{r}. \quad (a)$$

Nun ist

$$g = \frac{M}{r^2}\,,\ g\,r = \frac{M}{r},$$

und wenn dieser Werth in (a) eingesetzt wird, schliesslich

$$v = \sqrt{2\,g\,r}$$

Wärme.

Die Forderung der Logik und die Aufgabe der Erfahrung. — Definition der Energie. — Empirische Bestimmung des kausalen Zusammenhanges zwischen Wärme und Arbeit. — Mayer und Rumford. — Mayer's Bestimmung des mechanischen Wärmeäquivalentes: Sonderung der rein experimentellen Thatsache und der logischen Voraussetzung. — Bestimmung der inneren Energie der Luft als Funktion der Temperatur mittels des Versuches von Gay Lussac und ohne denselben. — Mayer's Bestimmung des mechanischen Wärmeäquivalentes verglichen mit denjenigen Joule's. — Ueber die Auffassung der Wärme als Bewegung. — Einzelne Bemerkungen. — Rückblick.

»Wir sehen in unzähligen Fällen eine Bewegung aufhören, ohne dass sie eine andere Bewegung oder Gewichtserhebung hervorgebracht hätte; eine einmal vorhandene Kraft kann aber nicht zu Null werden, sondern nur in eine andere Form übergehen, und es fragt sich somit, welche weitere Form die Kraft, welche wir als Fallkraft und Bewegung kennen gelernt, anzunehmen fähig sei?«

»*Nur die Erfahrung kann uns hierüber Aufschluss ertheilen.*« [1])

---

[1]) »Bemerkungen über die Kräfte S. 26. In »Organ. Bewegung«, III. S. 51 geht Mayer von dem umgekehrten Vorgange, der Verwandlung von Wärme in Arbeit, aus. »Die Wärme ist eine Kraft, sie lässt sich in mechanischen Effekt verwandeln.« Als Beispiel einer solchen Verwandlnng führt er dann die Thatsache an, dass in der arbeitenden Dampfmaschine die von den Dämpfen aufgenommene Wärmemenge grösser ist als die von ihnen bei der Verdichtung abgesetzte. Die Differenz giebt »die in mechanischen Effekt verwandelte Wärme«. Der Ausgangspunkt in den »Bemerkungen« scheint mir aber den Vorzug zu verdienen; weil er sich besser an das Vorhergehende anschliesst, worin die mechanische Energie betrachtet wurde, und wir noch nicht wissen, dass Wärme Energie ist. Auch ist die Erzeugung von Wärme durch Arbeit einfacher als der Vorgang in der Dampfmaschine.

Unter Bewegung ist nach Mayer's Sprachgebrauche lebendige Kraft zu verstehen. In diesen Sätzen spricht unser Autor mit musterhafter Klarheit die Prinzipien seiner Forschung aus: die Logik stellt die allgemeine Forderung der Unzerstörbarkeit der Kraft, die Erfahrung hat die Aufgabe, die Forderung der Logik zu realisiren, indem sie die Verwandlungen der Kraft aufsucht.

Verkehrt ist es dagegen, das allgemeine logische Prinzip der Unzerstörbarkeit der Kraft für einen rein empirischen Satz anzusehen. Es wird sich auch weiter unten zeigen, dass Joule gerade so wie Mayer bei seinen Bestimmungen des mechanischen Wärmeäquivalentes die Unzerstörbarkeit der Wärme vorausgesetzt hat, und dass ohne diese Voraussetzung seine Bestimmungen gar keinen Sinn haben.[1])

Dasjenige, was für die verschwindende lebendige Kraft entsteht oder umgekehrt dasjenige, wofür lebendige Kraft

---

[1]) Selbstverständlich wird hierdurch nicht entschieden, ob nicht auch schliesslich das Kausalgesetz auf Erfahrungen beruht. Den Satz, dass jede Aenderung mechanischer Energie ein Aequivalent bedingt, habe ich in meiner bereits erwähnten Schrift »Ueber den Beweis des Prinzips« u. s. w. als das abstrakte Prinzip der Erhaltung der Energie bezeichnet, das seinen konkreten Inhalt aber erst durch die bewusste Erfahrung erhält. Hierdurch habe ich mir seitens eines Rezensenten den Vorwurf zugezogen, dass ich das Prinzip der Erhaltung der Energie rein logisch deduziren und aus der Erfahrung nur die Beispiele für den bereits deduktiv festgestellten Satz entnehmen will.

Diese Auslegung meiner Aeusserungen ist jedoch ganz irrig.

Das Beispiel ist in dem allgemeinen Satze, auf den es sich bezieht, schon vollständig enthalten, es dient zu dessen Veranschaulichung, ohne zu seinem Inhalt etwas hinzuzusetzen, während das abstrakte Prinzip der Erhaltung der Energie erst durch die Erfahrung einen bestimmten Inhalt bekommt. Stellt man den Satz auf: »alle Körper sind schwer«, so ist der speziellere Satz: »alle Metalle sind schwer« nur ein Beispiel für denselben, aber Angaben über die spezifischen Gewichte sind neu hinzukommende Bestimmungen, die der allgemeine Satz nicht enthält. Und so wie man wissen muss, dass die Körper schwer sind, bevor man daran denken kann, ihr spezifisches Gewicht zu bestimmen, so muss man auch die Unzerstörbarkeit der Kraft voraussetzen, bevor man ihre Verwandlungen empirisch aufsuchen kann.

entsteht, bezeichnet Mayer als Kraft[1]) während dasselbe jetzt bekanntlich meistens Energie genannt wird.

Den gesuchten Aufschluss über das, was im vorliegenden Falle Energie ist, findet er nun in der Thatsache, dass durch Reibung, z. B. zweier Metallplatten mit einander, beliebig grosse Wärmemengen erzeugt werden können.

> »So wenig sich, ohne Anerkennung eines ursächlichen Zusammenhanges zwischen Bewegung und Wärme von der entschwundenen Bewegung irgend Rechenschaft geben lässt, so wenig lässt sich auch ohne jene die Entstehung der Reibungswärme erklären.«[2])

Das Beispiel der Wärmeerzeugung durch Reibung, das Mayer hier anführt, ist ganz ähnlich den Thatsachen, worüber Rumford seine berühmten Versuche angestellt hatte, nach denen er es sich wohl auch bildete.

Während aber Rumford durch seine Versuche beweisen wollte, die Wärme sei Bewegung, und somit eine nicht wahrnehmbare Ursache des Wahrgenommenen experimentell festzustellen suchte, schliesst Mayer daraus, dass Wärme und Bewegung kausal mit einander verbunden sind, womit er zu Folge seiner Auffassung der Kausalität implicite ausspricht, dass zwischen beiden ein konstantes Grössenverhältniss besteht.

Das war ein grosser Fortschritt in der Erkenntniss der Aufgabe physikalischer Versuche. Sie sollen nicht das sogenannte Wesen der Naturerscheinungen aufhellen, nicht die Sinneswahrnehmungen auf vermeintliche Ursachen zurückführen, die gar nicht mehr Sinneswahrnehmungen sind; sondern sie sollen den quantitativen Zusammenhang zwischen den wahrgenommenen Thatsachen feststellen.

In diesem Sinne äussert sich Mayer, wie bereits oben[3]) hervorgehoben wurde, in seinen Schriften wiederholt auf das

---

[1]) Bemerkungen über d. mech. Aeq. d. W., S. 255, Z. 3 von unten. Mayer erwähnt daselbst nur die Verwandlungen anderer Energieformen in lebendige Kraft, nicht die umgekehrten, was aber offenbar nur ein Versehen ist.

[2]) Bemerkungen über d. Kräfte, S. 27, Z. 6 v. o. ff.

[3]) S. 10, Z. 3 v. u. ff.

Bestimmteste, und es unterliegt gar keinem Zweifel, dass er gerade diesem Fortschritt in der Methotik die Entdeckung des mechanischen Wärmeäquivalentes zu verdanken hat.

Wie ein sehr bedeutender Forscher durch irrige Prinzipien sich selbst um die beste Frucht seiner Untersuchungen bringen kann, das zeigt Rumford's Beispiel.

Auch er hatte schon an ein Grössenverhältniss zwischen verbrauchter Arbeit und erzeugter Wärme unbestimmt gedacht: bei einem seiner Versuche, wobei sich ein stumpfer stählener Bohrer in einem Kanonenrohre rieb, hatte er die dadurch erzeugte Wärme zum Erhitzen von Wasser benutzt und berechnet, dass sie grösser war, als die durch Verbrennen von neun Wachslichtern von bestimmter Stärke höchstens zu erhaltende Wärme. Und gleich darauf erwähnt er, dass die zur Drehung des Bohrers verwendete Maschine durch ein Pferd getrieben wurde.[1])

Aber indem er seine Aufmerksamkeit durchaus auf das Ziel richtet, die Wärme als Bewegung zu erweisen, wird ihm nicht bewusst, eine wie hohe Bedeutung die Beziehung zwischen Wärme und Arbeit, die er streifte, durch weitere Untersuchung erlangen konnte.

Wenn er also dem mechanischen Wärmeäquivalente sehr nahe war, so hatte er sich ihm doch gleichsam nur mit verbundenen Augen genähert und entfernte sich daher auch sofort wiederum von ihm, ohne es erfasst zu haben.

Hingegen ist für Mayer das Grössenverhältniss zwischen Wärme und Arbeit von Anfang an die Hauptsache. Freilich ist bei der Beurtheilung von Rumford's Leistungen zu berücksichtigen, dass der Begriff der mechanischen Arbeit erst nach seinen Versuchen über die Wärme durch Coriolis und Poncelet festgestellt wurde.

Wir wollen nun die allgemeinen und besonderen Voraussetzungen, die Mayer's Bestimmung des mechanischen Wärmeäquivalentes eigenthümlich sind, ermitteln.

Er leitete letzteres bekanntlich aus dem Unterschied der spezifischen Wärmen der Luft bei konstantem Druck und konstantem Volumen ab.

---

[1]) Berthold, Rumford u. d. Mechan. Wärmetheorie. Heidelberg, Winter, 1875, S. 58, Z. 5 v. u. ff.

Bezeichnet nun c_p die spezifische Wärme der Luft bei konstantem Druck, c_v die bei konstantem Volumen, so ist die die Differenz $c_p - c_v$ eine Konstante.

Ebenso ist die änssere Arbeit, die ein Kil. Luft beim Erwärmen um 1° C. bei konstantem Druck leistet, eine Konstante, die mit a bezeichnet werde.

Folglich ist auch das Verhältniss

$$(c_p - c_v) : a$$

konstant.

Diese Thatsache ist rein experimentell festzustellen.

Also aus rein experimentellen Bestimmungen ergiebt sich zwischen einer Wärmemenge und einer mechanischen Arbeit ein konstantes Verhältniss. Da wir hier aber den Versuch von Gay Lussac über die Ausdehnung der Luft ohne Arbeit noch nicht voraussetzen, so bleibt zunächst unentschieden, ob $c_p - c_v$ äquivalent a gesetzt werden darf, was nicht der Fall wäre, wenn die Luft bei ihrer Ausdehnung latente Wärme aufnehmen würde; immerhin ist aber die Thatsache, dass die zur Erwärmung eines Kilogramm Luft unter konstantem Druck nothwendige Wärme zu der äusseren Arbeit, die die Luft leistet, in einem unabänderlichen Verhältnisse steht, an sich sehr wichtig.

Nach dem oben erwähnten Versuche von Gay Lussac bleibt nun die Gesammttemperatur einer Luftmenge ungeändert, wenn sie sich, ohne äussere Arbeit zu leisten, ausdehnt; die Quantität der etwa in ihr enthaltenen latenten Wärme ist demnach von Druck und Volumen unabhängig. Denn hätte sie sich bei dem Versuche geändert, so hätte sie zum Theil in wahrnehmbare Wärme übergehen oder aus solcher entstehen müssen; da ein anderer Ersatz ausgeschlossen ist; folglich hätte die Gesammttemperatur der sich ausdehnenden Luft sich ändern müssen.

Bei vorstehenden Schlüssen ist aber offenbar vorausgesetzt, dass Wärme weder aus nichts entstehen noch zu nichts werden kann.

Unter dieser allgemeinen Voraussetzung, und nur unter ihr, folgt aus dem erwähnten Versuche, dass bei der blossen Ausdehnung der Luft keine Wärme latent wird, und zu ihrer Erwärmung somit, von äusserer Arbeit abgesehen, nur die zur Steigerung ihrer Temperatur dienende Wärme nothwendig ist, gleichgültig, ob sie sich ausdehnt oder nicht.

Diese Wärmemenge ist demnach für 1° C. und 1 Kil. Luft gleich der konstanten spezifischen Wärme c_v; und folglich

$$c_p = c_v + a, \quad c_p - c_v = a.$$

Um dieses Ergebniss sicher abzuleiten, hielt und hält man noch den angegebenen Versuch von Gay Lussac für unerlässlich; ohne ihn gilt die Bestimmung des mechanischen Wärmeäquivalentes aus der Differenz der spezifischen Wärmen der Luft für hypothetisch. Mayer beschreibt denselben auch in der Abhandlung über »Die organische Bewegung« u. s. w ausführlich[1]), was freilich nicht verhindert hat, dass ihm nach dem Vorgange von Joule bis in die neueste Zeit hinein dessen Unkenntniss vorgeworfen und seine Methode als hypothetisch dargestellt worden ist, während es doch für den objektiven Werth derselben ganz gleichgültig ist, ob er den Versuch kannte oder nicht; genug, dass er vorhanden war.

Es lässt sich jedoch zeigen, dass der Versuch nichts beweist, was nicht ohne ihn ebenso sicher zu beweisen ist.

Die spezifische Wärme c_v ist eine Konstante und somit unabhängig von Druck und Volumen. Ebenso ist die Arbeit a eine Konstante. Beides steht auch ohne den mehrerwähnten Versuch fest. Folglich kann die Wärme c_p in zwei Summanden zerlegt werden, nämlich in die Wärme c_v, die die Luft zur Erwärmung um 1° C. braucht, gleichgültig, ob sie sich ausdehnt oder nicht, und in die zu äusserer Arbeit verwendete Wärme, und es folgt wiederum wie vorhin

$$c_p - c_v = a.$$

Der Versuch von Gay Lussac ist eben nichts als eine ganz nothwendige Folge oder eine spezielle Anwendung der Konstanz der spezifischen Wärme c_v.

Denn aus der Konstanz von c_v folgt, dass die zur Erwärmung der Luft ohne Arbeit nothwendige Wärme un-

[1]) Mech. d. W., S. 53. Dass er ihn bereits im Jahre 1841 kannte, ist aus seinen Briefen an Baur ersichtlich. M. vergl. Weyrauch, a. a. O. S. 130, Anm. 10.

abhängig von Druck und Volumen und proportional der Temperatur ist; sie hängt also nicht von inneren Kräften ab.

Es verdient sogar den Vorzug, diese Folgerung aus der Konstanz von c_v zu ziehen, statt aus dem erwähnten Versuch: denn im ersteren Falle beruht sie auf einer physikalischen Konstanten, und gilt somit für alle möglichen Bedingungen, während sie im letzteren eine immerhin sehr beschränkte Induktion aus wenigen Fällen ist.

Freilich wird in fundamentalen Untersuchungen eine Bestätigung, wie sie der Versuch von Gay Lussac für die aus der Konstanz der spezifischen Wärme c_v gezogenen Schlüsse giebt, nur erwünscht sein; aber eine unerwiesene Hypothese wäre Mayer's Bestimmung des mechanischen Wärmeäquivalentes auch ohne denselben nicht gewesen, sondern eine bündige, auf experimenteller Grundlage beruhende Schlussfolgerung.

Die allgemeine Voraussetzung der Unzerstörbarkeit der Wärme ist, wie leicht ersichtlich, bei derselben ebenfalls nicht zu umgehen.

Auch in folgender Form kann ohne den Versuch von Gay Lussac bewiesen werden, dass die Luft innere Kräfte nicht enthält.

Ist p der Druck, v das Volumen einer gegebenen Luftmenge, die sich durch Erwärmen sehr langsam ausdehnt, so ist ein Element der äusseren Arbeit, die sie dabei leistet, gleich p d v.

Bezeichnet ferner U die Wärme, die von der Luft, von äusserer Arbeit abgesehen, aufgenommen wird, so könnte dieselbe ausser von der absoluten Temperatur ϑ auch von einer begrenzten Zahl anderer von ϑ unabhängiger Veränderlicher $\lambda, \mu, \ldots \rho$ abhängen, so dass

$$dU = \frac{dU}{d\vartheta} d\vartheta + \frac{dU}{d\lambda} d\lambda + \ldots \frac{dU}{d\rho} d\rho$$

wäre.

Wird nun wiederum die Unzerstörbarkeit der Wärme vorausgesetzt, so wäre demnach ein Element der gesammten Wärme Q, die bei der Erwärmung der Luft unter Arbeitsleistung verbraucht wird, gleich

$$dQ = \frac{dU}{d\vartheta} d\vartheta + \frac{dU}{d\lambda} d\lambda + \ldots \frac{dU}{d\rho} d\rho + p\,dv.$$

Auf der linken Seite der Gleichung steht eine Wärmegrösse d Q, auf der rechten eine Arbeit p d v: hierdurch wird aber nicht das Bestehen eines konstanten Verhältnisses zwischen Wärme und Arbeit behauptet, sondern die Gleichung besagt nur, dass die auf der linken Seite stehende Wärmegrösse gleich der Summe aller Aenderungen auf der rechten ist. Das ist aber nichts anderes als die Annahme der Unzerstörbarkeit der Wärme, die, wie sich zeigen wird, bei keiner Aequivalenzbestimmung zu umgehen ist.

Wird p als konstant angenommen, so ist nun nach dem Gesetz von Mariotte und Gay Lussac $p\,dv = R\,d\vartheta$, worin R die Konstante des genannten Gesetzes bezeichnet.

Ferner ist $c_p\,d\vartheta = dQ$ und $c_v\,d\vartheta = \frac{dU}{d\vartheta}\,d\vartheta$;

folglich wird

$$c_p\,d\vartheta = c_v\,d\vartheta + \frac{dU}{d\lambda}\,d\lambda + \ldots \frac{dU}{d\rho}\,d\rho + R\,d\vartheta.$$

Da diese Gleichung für beliebige Werthe gilt, und die auf der linken Seite stehende Grösse proportional ϑ ist, so muss dasselbe auch für die rechte Seite gelten; folglich ist

$$\frac{dU}{d\lambda}\,d\lambda \ldots + \frac{dU}{d\rho}\,d\rho = 0;$$

was zu beweisen war.

Ich will jetzt die Bestimmungen des mechanischen Wärmeäquivalentes von Joule mit denjenigen Mayer's vergleichen. Von den Versuchen des ersteren berücksichtige ich dabei nur diejenigen »Ueber die Temperaturveränderungen durch Verdünnung und Verdichtung der Luft« und die »Ueber das mechanische Aequivalent der Wärme«, bestimmt durch die Wärmeentwickelung bei Reibung von Flüssigkeiten, da die elektromagnetischen allzu ungenaue Resultate ergaben.[1])

Bei dem erstgenannten Versuche bestimmte Joule das mechanische Wärmeäquivalent aus der durch Kompression der Luft erzeugten Wärme in Fusspfunden und Graden Fahrenheit zu 823 und 795, und aus der durch Ausdehnung

---

[1]) Joule, Das Mechan. Aequiv. d. Wärme, übers. v. Spengel, Braunschweig 1872.

der Luft verbrauchten Wärme in denselben Einheiten zu 820, 814, 760.

Die Ausdehnung der Luft fand statt, indem sie aus einem lufterfüllten in einen luftleeren Rezipienten floss, wobei die gesammte Temperaturänderung Null war, wie schon Gay Lussac festgestellt hatte, was Joule damals nicht wusste.[1])

Bei den anderen erwähnten Versuchen berechnete er die Aequivalenzzahl aus der Wärme, die durch Reibung von Wasser in engen Röhren, durch Reibung eines Schaufelrades in Wasser und Quecksilber und durch die Reibung von Gusseisen gegen Gusseisen entsteht.

Die so aus den einzelnen Versuchsreihen erhaltenen Mittelwerthe betragen in den obigen Einheiten 770,772,692; 774,083; 774,987.

Die allgemeine Voraussetzung Joule's ist dieselbe wie diejenige Mayer's: Wärme kann nicht zu nichts werden, und nicht aus nichts entstehen. Denn er stellt ebenso wie letzterer zur Bestimmung des mechanischen Wärmeäquivalentes Gleichungen zwischen mechanischer Energie und Wärme auf; eine Gleichung zwischen so vollständig verschiedenen Grössen wie Arbeit und Wärme, die mit dem Anspruch ganz allgemeiner Geltung auftritt, kann aber nur den Sinn haben, dass angenommen wird, Wärme werde durch Arbeit erzeugt oder umgekehrt, sie entstehe folglich weder aus nichts noch werde sie zu nichts. Die Unzerstörbarkeit der Kraft überhaupt spricht Joule auch ausdrücklich als die prinzielle Voraussetzung seiner Versuche aus.[2])

Nun zeigt sich aber sofort der ausserordentliche Vorzug von Mayer's Methode gegenüber derjenigen Joule's.

---

[1]) Dass Joule den Versuch von Gay Lussac nicht kannte, obwohl er in weit verbreiteten Zeitschriften veröffentlicht war (sie sind angeführt von Hrn. Weyrauch in Mayer, Mechanik d. W. 3. Aufl. S. 130, Anm. 10.), ist zu entschuldigen; aber dass er ihn auch nicht hat kennen wollen, nachdem ihn Mayer darauf aufmerksam gemacht hatte, sondern sich stets dessen Erfindung anmasste, das ist gewiss nicht zu entschuldigen. M. vergl. die Reklamation Mayer's in der Comptes rendus 1849, XXIX, p. 534, abgedruckt in kleinere Schriften, herausgegeben v. Weyrauch, S. 280.

[2]) A. a. O. S. 39, Z. 5 v. o.; S. 75, Z. 14. v. u. ff.

Mayer ermittelt das mechanische Wärmeäquivalent durch Vergleichung zweier Konstanten: der Differenz der beiden spezifischen Wärmen der Luft und der Arbeit die 1 Kil. Luft unter konstantem Druck bei der Erwärmung um 1° C. leistet. Hieraus folgt ohne Weiteres eine nothwendige Beziehung zwischen Arbeit und Wärme, und es bleibt dann nur noch deren Zahlenwerth zu ermitteln, was mit Hilfe des Versuches von Gay Lussac, oder, wie wir sahen, auch ohne ihn, prinzipiell genau geschehen kann.

Joule dagegen ermittelt das mechanische Wärmeäquivalent aus veränderlichen Grössen: aus der bei der Reibung unter bestimmten Bedingungen aufgewendeten mechanischen Arbeit, und der dafür erhaltenen Wärme. Hierdurch übernimmt er die Verpflichtung, genau festzustellen, ob alle diejenigen Grössen, von denen das Verhältniss der genannten beiden Veränderlichen abhängen könnte, berücksichtigt sind. Dieser aber hat er, wie leicht zu zeigen, durchaus nicht genügt.

Erstens bestimmt er den Aequivalenzwerth der Wärme aus Versuchen, die alle in sehr engen Temperaturgrenzen liegen, und stellt die so erhaltenen Zahlen als ganz allgemein gültig hin; er nimmt also, ohne jede Begründung, den Arbeitswerth der Wärme als unabhängig von der Temperatur an; während in den wichtigen Arbeiten von Carnot Clapeyron, deren Fehler damals noch nicht bekannt waren, gerade das Gegentheil vorausgesetzt war: ein solches Verfahren ist doch nicht wissenschaftlich zu nennen.

Alle Wärmegrössen in der Natur haben eine bestimmte Temperatur: warum sollte also gerade die abstrakte ohne bestimmte Temperatur gedachte Wärmeeinheit mechanischer Energie äquivalent sein? Joule's Versuche, die alle bei gewöhnlicher Temperatur angestellt sind, geben hierauf keine Antwort; er scheint also die Frage »a priori« abgethan zu haben, ohne sich um den Begriff der Temperatur irgend welche Sorgen zu machen.

Für Mayer fiel die Verpflichtung, den Einfluss der Temperatur zu untersuchen, fort; da die Gleichung zwischen der Differenz der spezifischen Wärmen und der Arbeit der

Luft, woraus er das mechanische Wärmeäquivalent bestimmt, von der Temperatur ganz unabhängig ist.

Während also Joule ohne jedes Recht Mayer vorwarf, er habe bei seiner Berechnung des mechanischen Wärmeäquivalentes die ebengenannte Gleichung als Hypothese angenommen, ist ihm mit vollem Rechte vorzuwerfen, er habe die Unabhängigkeit des Arbeitswerthes der Wärme von der Temperatur ganz willkürlich vorausgesetzt. Dass sich seine Voraussetzung durch die Entwickelung der mechanischen Wärmetheorie bestätigte, darf man nicht zu seiner Entschuldigung anführen, wenn man nicht ein blosses Herumrathen an die Stelle wissenschaftlicher Methode setzen will.

Zweitens stimmen Joule's Versuche in ihren Ergebnissen, wie das ja auch nicht anders sein konnte, nicht genau überein. Die Differenzen zwischen den Mittelwerthen des aus der Reibungswärme ermittelten mechanischen Wärmeäquivalentes betragen zwar nur wenige Fusspfunde; aber weit grösser sind die Differenzen zwischen den durch Kompression und durch Verdünnung der Luft erhaltenen Aequivalenzwerthen, und zwischen diesen und den vorhergenannten.

Er behandelt nun bei der Bearbeitung seiner Versuche diese Ahweichungen ohne Weiteres als Versuchsfehler, und das mechanische Wärmeäquivalent als eine absolute Konstante, und die Entwickelnng der Wissenschaft hat ihm auch hierin wiederum Recht gegeben.

Aber wenn man seine Leistungen gegen diejenigen Mayer's abwägen will, ist doch zu fragen, ob er zur Zeit seiner Versuche die unbedingte Konstanz der Aequivalenzzahl als selbstverständlich annehmen durfte, und das war durchaus nicht der Fall.

Zugegeben, die Differenzen der einzelnen Aequivalenzbestimmungen liegen innerhalb der Fehlergrenze, und *konnten* Versuchsfehler sein; aber *mussten* sie es deshalb auch sein? konnte nicht die Konstanz des Verhältnisses zwischen Wärme- und Arbeitseinheit eine ideale Grenze sein; ähnlich wie das Mariotte'sche Gesetz?

Diese Frage musste sich Joule vorlegen, und dass er es nicht that, beweist einen grossen Mangel an wissenschaftlicher Kritik.

Dagegen folgt nach Mayer's Methode, wenigstens für die sogenannten permanenten Gase die Konstanz der genannten Verhältnisszahl ohne Weiteres. Drittens geriethen bei Joule's Versuchen die sich reibenden Körper jedenfalls in molekulare Bewegungen, für die mechanische Energie verbraucht wurde; man wird nun sagen: die molekularen Bewegungen machen eben die Wärme aus; aber das war ja noch zu beweisen.

Der Auslegung seiner Versuche liegt also die Hypothese zu Grunde, dass alle durch Reibung entstandenen molekularen Bewegungen Wärme sind, und dass andere molekulare Bewegungen vielleieht noch unbekannter Art dabei in wesentlichem Betrage nicht vorkommen; jedenfalls eine sehr kühne Hypothese, wenn man bedenkt, wie dunkel die Natur der Reibung auch jetzt noch ist.

Auch von dieser Schwierigkeit ist Mayer's Methode frei.

Durch Vorstehendes dürfte erwiesen sein, dass Joule die Bedingungen seiner Versuche nicht genügend erörtert hat.

Nun war es ja allerdings für ihn unmöglich, alle hier hervorgehobenen Probleme zu lösen; es sollte auch nur gezeigt werden, wie tief seine Methoden zur Bestimmung des mechanischen Wärmeäquivalentes, die solche Komplikationen mit sich führen, prinzipiell unter denjenigen Mayer's stehen, die von ihnen ganz frei ist. Dadurch soll jedoch nicht bestritten werden, dass sie eine werthvolle Ergänzung der letzteren sind.

Schliesslich sei noch auf den folgenden sehr wichtigen Vorzug von Mayer's Methode hingewiesen: sie ist umkehrbar, während diejenigen Joule's es nicht sind.

Wird 1 Kil. Luft von 1^0 C. auf 0^0 abgekühlt, so giebt es die Wärme $c_p - c_v$ ab, und die Arbeit, die bei seiner Erwärmung auf 1^0 C. geleistet war, wird zurückerhalten.

Auch hier gelten offenbar die Erörterungen, die oben über die Voraussetzungen und die Berechnung des entgegengesetzten Vorganges angestellt wurden.

Durch Umkehrung ein und desselben Vorganges ist also unter denselben allgemeinen Voraussetzungen das Arbeitsäquivalent der Wärme, wie das Wärmeäquivalent der Arbeit zu bestimmen.

Beide Bestimmungen ergänzen sich gegenseitig zu einem zwingenden Beweise der Aequivalenz von Wärme und Arbeit, etwa wie in der Chemie die Zusammensetzung eines Körpers durch Analyse und Synthese bündig erwiesen wird.

Mayer theilte nicht unbedingt die jetzt so sehr verbreitete Meinung, wonach die Wärme eine Bewegung ist. In den »Bemerkungen über die Kräfte« u. s. w. sagt er:

> »So wenig indessen aus dem zwischen Fallkraft und Bewegung bestehenden Zusammenhange geschlossen werden kann: das Wesen der Fallkraft sei Bewegung, so wenig gilt dieser Schluss für die Wärme.«[1])

Die vermeintliche Analogie mit dem mechanischen Vorgange kann ich allerdings nicht anerkennen: dabei sind nicht zwei verschiedene Energieformen, sondern nur zwei verschiedene Darstellungen ein und derselben Energieform vorhanden, die, wie oben gezeigt wurde, keine Verwandlungszahl besitzen.

In den Bemerkungen über das mechanische Aequivalent der Wärme spricht er sich ausführlicher aus.[2])

Danach ist die Immaterialität der Wärme durch die Auffindung ihres mechanischen Aequivalentes zur Gewissheit geworden. Aber die Kraftform Wärme hält er für keine einheitliche, sondern er unterscheidet 1. die strahlende, 2. die freie, spezifische und 3. die latente Wärme.

Dass die strahlende Wärme eine Bewegungserscheinung ist, ist ihm zweifellos, wogegen er die Natur der molekularen Wärmevorgänge für ganz dunkel erklärt.

Aus diesen Ausführungen sind zwei Punkte besonders hervorzuheben: erstens ist für Mayer die Immaterialität der Wärme erst durch die Entdeckung des mechanischen Wärmeäquivalentes wirklich erwiesen, und zweitens hält er die Wärme zwar für immateriell, aber doch nicht alle Wärmeformen bestimmt für Bewegungen. Er unterscheidet somit zwischen immaterieller und mechanischer Auffassung

---

1) S. 28.

2) S. 266, Z. 19 v. u. ff.

der Wärme, und hat darin, wie ich zeigen werde, durchaus Recht.

Nach der Meinung vieler Physiker ist die Wärme gegenwärtig zweifellos als Bewegung erkannt.

Die Herren Thomson und Tait erklären es sogar schlechtweg als »eine experimentelle Thatsache«, »dass Wärme Bewegung ist«,[1]) was jedenfalls ein vollständiger Unsinn ist. Denn eine experimentelle Thatsache ist, streng genommen, nur eine unmittelbare Wahrnehmung, und wenn man dem Ausdruck einen weiteren Sinn beilegen will, das allgemeine, durch Induktion gefundene Gesetz, das eine Gattung unmittelbarer Wahrnehmungen darstellt. Wird z. B. das Volumen einer gegebenen Luftmenge bei bestimmtem Druck und bestimmter Temperatur beobachtet, so ist das eine experimentelle Thatsache, und das Gesetz von Mariotte und Gay Lussac, das die Beziehung zwischen Druck, Volumen und Temperatur ausdrückt, mag auch als eine solche gelten. Schliesst man aber aus einer Gruppe von Thatsachen auf eine noch nicht wahrnehmbare Ursache derselben, so ist letztere, selbst wenn der Schluss auf sie noch so bündig ist, keine experimentelle Thatsache, da Schlüsse aus Thatsachen und Thatsachen zwei verschiedene Dinge sind. So sind die Fallgesetze eine experimentelle Thatsache im weiteren Sinne, aber die Schwerkraft, durch die man den Fall der Körper erklären will, kann niemand, auch wenn er noch so sehr von ihrem Dasein überzeugt wäre, für eine *Thatsache* erklären.

Ebenso soll die Auffassung der Wärme als Bewegung eine Erklärung der Wärmeerscheinungen durch Annahme einer nicht wahrgenommenen Ursache geben: Die Wärmeempfindung, die uns gewisse Körper erregen, soll dadurch entstehen, dass letztere sich in eigenthümlichen Bewegungszuständen befinden.

Dass solche Bewegungszustände wirklich existiren, ist aber, so lange sie nicht wahrgenommen sind, jedenfalls keine Thatsache, sondern nur ein Schluss aus Thatsachen.

---

[1]) Thomson u. Tait, Handbuch d. theoret. Physik, übers. von Helmholtz u. Wertheim. Braunschweig 1871, I, S. 350, Z. 1 v. o.

Die Vermengung von Thatsachen und Schlüssen, wie sie die genannten Physiker im vorliegenden Falle vornehmen, beweist thatsächlich einen grossen Mangel an logischer Bildung.

Fragt man nun, wodurch eigentlich die Wärme als Bewegung erwiesen sei, so wird als ein bündiger, bereits vor der Entdeckung des mechanischen Wärmeäquivalentes gegebener Beweis der Versuch Davy's angeführt, der Eisstücke, indem er sie im luftleeren Raume aneinanderrieb, zum Schmelzen brachte. Da die spezifische Wärme des Wassers grösser ist als die des Eises, so konnte die zum Schmelzen des Eises verbrauchte Wärme nicht demselben entzogen sein, und da die Umgebung sich nicht abkühlte, konnte sie auch nicht aus letzterer stammen.

Hieraus sollte folgen, dass die Wärme kein Stoff, sondern eine Bewegung sei.

Dagegen wendete aber schon W. Henry ein, der die materielle Auffassung der Wärme vertrat, dass letztere den luftleeren Raum durchdringen und von dazu disponirten Körpern aufgenommen werden könnte.[1])

Wir wollen nun hier selbstverständlich nicht für die Annahme eines Wärmestoffes sprechen, und es sei zugegeben, dass aus Davy's Versuch mit grosser Wahrscheinlichkeit folgt, die Wärme ist *kein Stoff*: aber folgt alsdann, dass sie eine *Bewegung* ist? Doch nur, wenn vorausgesetzt wird, dass Alles, was nicht Stoff ist, Bewegung ist, oder mit anderen Worten, alle Kräfte sollen Bewegungskräfte sein. Das ist die mechanische Naturauffassung, die aber ihrerseits wiederum nur zu beweisen wäre, indem die mechanische Natur aller Kraftformen und somit auch der Wärme festgestellt wird.

Man erhält also den Zirkelschluss:

Da in der Natur alles, was nicht Stoff ist, Bewegung ist, so ist die Wärme Bewegung, und weil die Wärme wie alle anderen Kraftformen Bewegung ist, so ist in der Natur alles, was nicht Stoff ist, Bewegung.

Diesem Zirkel entgeht man nur, wenn man die mechanische Naturauffassung, und somit auch die auf ihr beruhende

---

[1]) M. vergl. Gehler's Physik. Wörterb.: Wärme, S. 79.

mechanische Auffassung der Wärme einfach als eine Hypothese betrachtet.

Das mechanische Wärmeäquivalent bestimmt nun einen quantitativen Zusammenhang zwischen Wärme und mechanischer Energie. Danach sind in einem abgeschlossenen Körper systeme, worin nur mechanische und Wärmeänderungen stattfinden, die einen den anderen proportional; aber eine Proportionalität kann zwischen sehr verschiedenartigen Grössen stattfinden, und aus ihr auf die Identität von Wärme und mechanischer Energie zu schliessen, das wäre ähnlich, wie wenn Jemand zwanzig silberne Markstücke und ein goldenes zwanzig Markstück für identisch gleiche Dinge erklären sollte weil sie bedingungsweise gleichwertig sind.

Also die Auffassung der Wärme als Bewegung ist und bleibt eine Hypothese, und da diese nicht über das Wahrgenommene, sondern über die Sinneswahrnehmung selbst eine Aussage macht, geht sie über die Grenzen der Physik hinaus und müsste, bevor ihre Anerkennung mit wissenschaftlicher Gewissenhaftigkeit erfolgen kann, logisch geprüft werden, worauf ich jedoch hier nicht eingehen will.

Nachdem im Vorstehenden die Hauptgedanken Mayer's über die Wärme erörtert sind, mögen nun noch einige einzelne Bemerkungen folgen.

In den »Bemerkungen über die Kräfte« u. s. w. erwähnt er einen von ihm angestellten Versuch, wobei Wasser durch starkes Schütteln erwärmt wurde.[1])

Wenn er diese Thatsache in einem besonderen Aufsatze ausführlich beschrieben hätte, wäre sie wohl geeignet gewesen, ihm in den Kreisen der Physikcr Ansehen zu erwerben, denn sie konnte noch besser als Davy's Versuche die Annahme eines Wärmestoffes widerlegen. Befand sich das Wasser in einem Gefäss von geringer Masse, so konnte dasselbe, in Betracht seiner geringen spezifischen Wärme, nicht den zur Erwärmung des Wassers angeblich erforderlichen Wärmestoff hergeben, und letzterer konnte auch nicht durch das Schütteln so zu sagen angelockt werden, während die bei Davy's Versuchen mit Eis stattfindenden Aenderungen des

---

[1]) S. 27, Z. 13 v. o.

Aggregatzustandes eine Uebertragung von Wärmestoff aus dem Weltraum immerhin als möglich erscheinen liessen.

Unmittelbar vor der Erwähnung seines Versuches spricht er die unrichtige Behauptung aus, Eis könne durch den stärksten Druck nicht zum Schmelzen gebracht werden, die ihm von Helmholtz als einen Beweis mangelnder wissenschaftlicher Vorsicht vorgeworfen hat.[1]) Aber wie der Zusammenhang deutlich zeigt, und wie auch schon Hr. Weyrauch hervorgehoben hat, will Mayer nur sagen, dass Eis nur durch Druckarbeit nicht durch Druck allein zum Schmelzen zu bringen ist.

Will man in seinen Schriften die einzelnen Bemerkungen, die auf sein System ohne Einfluss sind, berücksichtigen, so erfordert die Gerechtigkeit, nicht bloss die Fehler, die sie allerdings enthalten, sondern auch die geistvollen Gedanken hervorzuheben, die er darin ausgestreut hat.

Welchen Vorausblick bekundet z. B. der Satz, dass eine gegebene Wärmemenge sich *als Ganzes* nicht in Bewegung umsetzen lässt![2])

Der Verwandlung von Wärme in Arbeit und die umgekehrte entsprechen durchaus den Bedingungen, die sich aus Mayer's logischen Prinzipien für ein Kausalverhältniss als nothwendig ergaben: sie bestehen in einer Uebertragung und qualitativen Aenderung der Energie.

Gerade die Wärmelehre ist auch wie nichts anderes geeignet, die Bedeutung seiner logischen Voraussetzungen für die Erhaltung der Energie zu beweisen.

Nehmen wir einmal an, letztere wäre ein rein empirischer Satz, so müsste man sagen, die Aequivalenz von Wärme und Arbeit ist durchaus noch nicht bewiesen.

Mayer hat sie für die eigentlichen Gase festgestellt.

Joule für die Reibung einiger Flüssigkeiten und Metalle.

Hirn hat einen Versuch über den Stoss angestellt.

Auch andere Versuche liessen sich noch anführen, woraus die genannte Aequivalenz zu schliessen ist.[3])

---

[1]) v. H. Vorträge und Reden, S. 69, Z. 1 v. o. ff.

[2]) Organ. Beweg. S. 57, vorletzte Z.

[3]) M. vergl. Winkelmann, Handbuch der Physik, Breslau, Trewendt, 1896, II, 2, S. 396 ff.

Aber, wie schon oben erwähnt wurde, es fehlt ganz an dem Nachweis, dass die mechanisch erzeugte Wärme von der Temperatur unabhängig, und ihr konstantes Verhältniss zur Arbeit nicht bloss eine ideale Grenze ist, sondern thatsächlich besteht.

Wenn nun heute doch Niemand an der Erhaltung der Energie im Allgemeinen und an der Konstanz des mechanischen Wärmeäquivalentes im Besonderen zweifelt, so liegt der Grund darin, dass die Erhaltung der Energie nicht blos ein empirisches Gesetz ist, wie etwa das von Mariotte, sondern dass in ihr eine logische Nothwendigkeit zum Ausdruck kommt, wie dies Mayer von Anfang an erkannt hat.

Um die Grossartigkeit seiner Leistung zu erkennen, braucht man nur eine physikalische Schrift aus der Zeit seiner ersten Arbeiten vorzunehmen. Schlagen wir z. B. in Gehler's Physikalischem Wörterbuch den Artikel über Wärme auf. Der ihn enthaltende Band ist im Jahre 1841 erschienen.[1])

Die Ueberschriften der einzelnen Kapitel lauten ganz modern: Erzeugung der Wärme durch Kompression, durch Chemismus, durch den Lebensprozess, durch Elektrizität u. s. w.

Aber nun lese man das Kapitel über die Kompression der Gase.

Nach mühseliger Erörterung eines Konglomerats von Thatsachen ohne leitende Idee, folgt der Satz:

> »*Dass aber durch Verdünnung der Luft nicht gleiche Mengen Wärme absorbirt als durch Kompression frei gemacht werden, scheint nicht bloss nicht schwer zu erklären, sondern liegt sogar in der Natur der Sache.*«

Und nun die in der »Natur der Sache« liegende Erklärung:

> »Die aus den komprimirten Körpern ausgeschiedene Wärme ist in ihnen einmal vorhanden und wirft sich auf die ihr zunächst dargebotenen Substanzen, die von den expandirten aufzunehmende dagegen muss den umgebenden Körpern, durch die sie festgehalten

---

[1]) Leipzig, E. B. Schwickert.

wird, entzogen werden, wozu einige Zeit erforderlich ist, während welcher sie von allen Seiten hinzuströmt u. s. w.[1])

Ein Jahr nach diesen Auslassungen, worin die behauptete Thatsache und ihre in der Natur der Sache liegende Erklärung von gleichem Werthe sind, erschienen Mayer's »Bemerkungen über die Kräfte der unbelebten Natur«, worin die wahre Bedeutung der Differenz der spezifischen Wärmen der Luft klar erkannt und daraus das mechanische Wärmeäquivalent berechnet wird. Drei Jahre später erschien seine meisterhafte Abhandlung über: »Die organische Bewegung in ihrem Zusammenhange mit dem Stoffwechsel.»

---

[1]) a. a. O. S. 235, Z. 14 v. u. ff.

Elektrizität und Magnetismus.

Aequivalent der Reibungselektrizität. — Elektrophor. — Erwärmung einer Magnetnadel durch den Wechsel ihrer Pole.

Mayer betrachtet die Elektrizität und den Magnetismus in Bezug auf ihr Arbeitsäquivalent. Dieser Gedanke war damals neu und ist sein Eigenthum.

Als Arbeitsäquivalent für die Entstehung von Reibungselektrizität bestimmt er die dabei verschwindende Reibungswärme.

Als Beispiel der Verwandlung von mechanischer in elektrische Energie erörtert er ausführlicher das wiederholte Abheben und Entladen des Deckels eines Elektrophors.[1] Der Ueberschuss der bei Hebung des Deckels geleisteten, über die bei dessen Senkung gewonnenen Arbeit bildet das Aequivalent der aus dem Deckel erhaltenen elektrischen Effekte.

Der Vorgang ist ausführbar, und Mayer bewährt sich durch dessen Wahl als echter Naturforscher, der wirkliche Thatsachen als Beispiele zu seinen Theorien aufsucht und nicht dazu Vorgänge ersinnt, die wiederum nichts als Theorie sind.

Den Magnetismus berührt er nur ganz kurz. In einer Note an die Pariser Akademie erwähnt er noch einen von ihm angestellten Versuch, wonach durch wiederholte Annäherung eines starken Magnetpols an den gleichnamigen Pol einer Magnetnadel letztere sich erwärmt, und erklärt die

---

[1]) Organische Bewegung, S. 63, IV.

Erwärmung aus seinem Gesetz der Kraftverwandlung in folgender Weise. Bei seiner Annäherung hat der Magnet die Abstossung des gleichnamigen, bei seiner Entfernung die Anziehung des durch seine Annäherung umgekehrten Poles zu überwinden; durch den Wechsel der Pole geht lebendige Kraft verloren, die sich in Wärme verwandelt.[1]

Weiter verfolgt, konnte diese Thatsache auf das dynamoelektrische Prinzip führen; leider beschränkt sich aber Mayer auch in diesem Falle ebenso wie bezüglich der oben erwähnten Erwärmung des Wassers durch Schütteln auf eine kurze Notiz.

---

[1] »Sur la transformation de la force vive« u. s. w. Comptes rendus 1848, XXVII, S. 385 ff., abgedruckt in Klein. Schriften, S. 274 ff.

Chemische Vorgänge.

Die chemische Arbeit.

R. Mayer stellt der mechanischen Energie des räumlichen Abstandes das chemische Getrenntsein gegenüber.

> »Das chemisch-getrennte Vorhandensein oder kürzer
> die chemische Differenz der Materie ist eine Kraft.«[1])

Aber auch das chemische Verbundensein kann eine Kraft sein, wie er selbst anführt, wenn eine Verbindung, wie z. B. die von Chlor und Stickstoff, unter Wärmeverbrauch erfolgt.[2])

Mayer spricht sich nicht darüber aus, ob er das chemische Getrenntsein bezw. das Verbundensein als lebendige Kraft oder als eine Art von Kraft des räumlichen Abstandes auffasst. Gewöhnlich geschieht das letztere, indem man die chemischen Vorgänge durch die Arbeit von sogenannten Anziehungskräften erklärt, die zwischen den verschiedenartigen sich verbindenden oder trennenden Substanzen wirken.

Dagegen sind jedoch wesentliche Einwendungen zu erheben, worüber hier kurz Folgendes bemerkt werde.

---

[1]) Organische Bewegung S. 67.

[2]) a. a. O. S. 70, Z. 5 v. o. ff.

Wenn derartige Kräfte beständen, müssten z. B. freier Wasserstoff und Sauerstoff chemische Arbeit enthalten, die bei ihrer Trennung aus Wasser in Bezug auf ihre Anziehungskräfte geleistet wird.

Durch dieselbe würden Wasserstoff und Sauerstoff voneinander getrennt, aber ihr Zustand nicht geändert, dieser würde vielmehr, soweit die angenommene Arbeit in Betracht kommt, derselbe bleiben, wie er in der Verbindung war, analog wie ein Gewicht in seinem inneren Zustande ganz ungeändert bleibt, wenn es gehoben wird.

Nun nimmt 1 Gramm Wasserstoff in 9 Gramm Wasser von 0°, wenn man es sich darin gesondert vorstellt, noch nicht 9 CC ein, wogegen es als freies Gas mehr als 11 Liter erfüllt.

Bei der Zerlegung des Wassers ist also dem Wasserstoff Energie zuzuführen, die gleich derjenigen ist, die ihm entzogen werden muss, um ihn ohne Druck aus dem Volumen von r. 11 Liter auf das von weniger als 9 CC zu reduziren, und eine entsprechende Energie muss auch der Sauerstoff aufnehmen.

Schreibt man den chemischen Kräften ein Potential zu, so kann man kurz sagen, die erwähnten Arbeitsäquivalente ändern das Potential der Körper in Bezug auf sich selbst, aber nicht dasjenige, das sie gegen einander haben.

Dass aber der Arbeitswerth der letzteren Aenderung verschwindend klein ist, ergiebt sich aus Folgendem.

Der schwächste elektrische Strom kann bekanntlich Verbindungen mit sehr hoher chemischer Wärme zerlegen. Diese Thatsache erklärt sich dadurch, dass der Strom eben nur die Arbeit zur Aenderuug des Potentials der beiden Jonen in Bezug aufeinander zu leisten hat, und dass diese verschwindend klein ist; wogegen die Arbeit, die die voneinander getrennten Jonen zur Aenderung ihrer Potentiale auf sich selbst verbrauchen, ausserhalb der Strombewegung durch freiwillige Wärmeaufnahme aus dem Elektrolyten geleistet wird.

Die ausführlichere Erörterung der chemischen Vorgänge muss hier unterbleiben, da sie uns zu weit von der vorliegenden Aufgabe entfernen würde.

Ganz allgemein habe ich das Problem der Anziehungs- und Abstossungskräfte weiter unten erörtert.[1])

---

[1]) S. 84. ff.

Zur Ergänzung gestatte ich mir auf meine nachstehend angeführten Untersuchungen über chemische und elektrolytische Vorgänge, deren Fortsetzung ich beabsichtige, zu verweisen:

Th. Gross, Ueber die Prinzipien der Thermodynamik chemischer Vorgänge, Exner, Repertorium, 1891, S. 451—470;

Beiträge zur Theorie des galvanischen Stromes. Sitzungsber. d. Kais. Akad. d. Wiss. z. Wien, Bd. XCVIII; S. 852—864.

Elektrochemische Zeitschrift: Ueber die Arbeit bei der Elektrolyse. 1894, 9; 1895, 1; Ueber die Stromarbeit, 1896, 10.

Galvanismus.

Volta's Fundamentalversuch und Säule.

Mayer betrachtet zuerst die Elektrizitätserregung bei Berührung zweier Metalle. Er beschränkt sich auf die Bemerkung, dass zur Trennung der Metalle, wenn sie durch gegenseitige Berührung entgegengesetzt elektrisch geworden sind, ein Aufwand von mechanischem Effekt, »wie bei der Erregung von Vertheilungselektrizität durch den Elektrophor, erforderlich ist«.

Der Vergleich mit dem Elektrophor ist aber doch nicht zutreffend. Die bei der Senkung von dessen Deckel nicht zurückgewonnene Arbeit und die ihm entzogenen elektrischen Effekte stellen eine Energieverwandlung dar, deren Analogon hier bei der blossen Trennung der entgegengesetzt elektrischen Metalle fehlt. Denn die bei letzterer zu leistende mechanische Arbeit kann nicht die Ursache der elektrischen Differenz der Metalle sein; die Ursache der letzteren ist vielmehr in molekularen oder chemischen Vorgängen zu suchen, die zwischen deren sich berührenden Oberflächen erfolgen.

Bezüglich der Volta'schen Säule erkennt Mayer klar, dass die chemischen Vorgänge in ihr das Aequivalent der Stromwärme geben.

Schlusswort.

Nachdem R. Mayer die Verwandlung der Kraft in den einzelnen Zweigen der Physik dargestellt hat, giebt er noch ein Schema aller Kraftverwandlungen und geht dann dazu über, die Geltung seines Prinzips in der organischen Welt nachzuweisen. Drei Jahre darauf wendet er es in »Beiträge zur Dynamik des Himmels« auch auf die Entstehung der Sonnenwärme an.

Auf diese Untersuchungen, so bedeutend sie sind, näher einzugehen, muss ich mir nach dem Plane meiner Schrift versagen; dagegen mögen nun noch einige Bemerkungen über seine Leistungen folgen.

Für Mayer ist die Erhaltung der Energie nicht bloss eine mathematische Formel oder ein regulatives Prinzip, das das Wirken der Natur bestimmt; sondern sie ist die reale Kausalität in der Natur, das Wirken der Natur selbst.

> »Es giebt in Wahrheit nur eine einzige Kraft. In ewigem Wechsel kreist dieselbe in der todten wie in der lebenden Natur. Dort und hier kein Vorgang ohne Formveränderung der Kraft.«[1])

Diese Vorstellung hat er in seinen Schriften streng durchgeführt, sie lässt letztere selbst als Natur erscheinen, indem sie ihn von allen künstlichen Hypothesen zurück hält. Denn das Walten der erscheinenden Natur kann nur in ihr selbst, d. h. in den Erscheinungen, seine Bestimmungsgründe haben, nicht in etwas ausser ihr Liegendem, sei letzteres nun eine Hypothese, die für nichts weiter als eine solche ausgegeben wird, oder eine angebliche metaphysische Grundursache.

---

[1]) Organische Bewegung. S. 48.

Hierin stimmt Mayer in Wahrheit ganz mit Darwin überein, wenn er auch dessen Lehren abgeneigt war.

Wir können uns aber der Natur in der Wissenschaft nur durch Abstraktionen bemächtigen, und im Besonderen die Physik arbeitet mit sehr abstrakten Begriffen. Denn Mass und Zahl zu bestimmen, ist ihre höchste Aufgabe, wie ja Mayer selbst wiederholt hervorhebt.

Doch die Natur besteht aus ganz verschiedenartigen Dingen und Vorgängen. Ein heisser Körper z. B. und ein fallendes Gewicht haben für die unmittelbare Wahrnehmung durchaus keine Aehnlichkeit, und wir gelangen zu ihrer Vergleichung nur, indem wir ihre Wirkungen unter den ganz abstrakten Begriff der mechanischen Arbeit subsummieren. Letzterer aber verräth deutlich den technischen Zweck, für den er ersonnen ist. Denn für das organische Leben ist durchaus nicht Alles gleichwerthig, was sich durch dasselbe Produkt aus Meter und Kilogramm messen lässt.

Für die Erhaltung der Energie ist nun die mechanische Arbeit oder, wenn man will, die ihr identische gleiche lebendige Kraft der Grundbegriff: sie berücksichtigt nur solche Zustandsänderungen, die mit Arbeitsänderungen proportional sind. Allerdings Alles, was wir in der Natur wahrnehmen, ist eine Ursache oder Wirkung, d. h. eine Kraft im Sinne Mayer's; aber zu untersuchen bleibt doch noch, ob die mathematische Form der lebendigen Kraft oder der mechanischen Arbeit die einzige und endgültige für den Ausdruck der Kraft, als reale Ursache oder Wirkung gedacht, ist.

Diese Unterscheidung beachtet Mayer nicht genügend: er legt das Kausalgesetz als den Zusammenhang des Vergehens und Werdens in der Natur aus und nimmt dann ohne Weiteres die mathematischen Funktionen der Arbeit und lebendigen Kraft als die nothwendigen Formen der realen mechanischen Zustandsänderungen an. Die Wahl gerade dieser Funktionen lässt sich ja zweifellos als höchst zweckmässig motivieren durch den Hinweis auf die unermessliche Fülle von Vorgängen, die ihnen unterzuordnen sind: aber theoretisch kann eine solche Begründung nicht befriedigen.

Zugegeben, alles Vergehen und Werden steht in der Natur in nothwendigem Zusammenhange, so dass das eine einen Ersatz für das andere bietet, zugegeben ferner, dass die Naturwissenschaft den gewaltigsten Fortschritt gemacht hat, indem sie die realen Zustandsänderungen daraufhin untersucht, welchen Betrag von lebendiger Kraft oder Arbeit sie ergeben; aber der nothwendige Zusammenhang zwischen diesen mathematischen Funktionen und den realen Vorgängen ist dadurch doch nicht erwiesen.

So ist denn auch die Möglichkeit nicht abzuweisen, dass die Erhaltung der Energie nur einen Ruhepunkt bildet in dem Fortschritte zu einem noch allgemeineren Prinzip. Die nächste Aufgabe der Wissenschaft ist es aber, die von Robert Mayer gelegten Fundamente zu ergänzen und zu verstärken, und den Bau, den er auf ihnen begonnen hat, weiter auszuführen, wobei allem Anschein nach an den von ihm hinterlassenen Skizzen wenig zu ändern sein wird.

Nicht einverstanden kann ich aus den oben angegebenen Gründen mit seinen rein mechanischen Vorstellungen sein, immerhin war jedoch die Einführung der Kraft des räumlichen Abstandes für die Energetik sehr wichtig, wenn auch seine darauf bezüglichen Erörterungen nach meiner Meinung der Klarheit ermangeln.

Sobald er aber in das konkretere Gebiet der physikalischen Vorgänge gelangt, schreitet er mit sicherem Schritte vorwärts, besonnen die labyrinthischen Irrwege vermeidend, worin andere sich unrettbar verloren.

Kraft ist das Aequivalent einer Bewegungsänderung, aber worin dieses besteht, kann nur die Erfahrung lehren.

Das ist seine bisher unübertroffene Definition der Energie.

Dann bestimmt er vollkommen bündig, durch Ausschluss aller anderen Wirkungen, die Wärme als eine Kraft und erhält ihren mechanischen Werth aus der Vergleichung der beiden spezifischen Wärmen der Luft. Diese Bestimmung der Konstante aus Konstanten ist zweifellos einer der genialsten Gedanken der Physik.

Nach der Wärme behandelt er die übrigen Kraftformen nur kurz, was durch sachliche Gründe und durch die Aufgabe, die er sich stellte, vollständig zu rechtfertigen ist. Denn erstens war die Wärmelehre für die Einführung des Prinzips der Energie-Erhaltung in die Physik das bei Weitem wichtigste Gebiet, und dann ist auch der physikalische Theil seiner Abhandlung über »Die organische Bewegung« u. s. w. nur eine Einleitung zu deren physiologischem Haupttheile, für den wiederum die Wärmelehre von allen Zweigen der Physik am Wichtigsten war.

Doch auch seine kurzen Aeusserungen enthalten, wie wir oben sahen, Bedeutendes.

In der Elektrostastik betrachtet er als ein sehr treffendes Beispiel der Kraftverwandlung das Verhalten des Elektrophors, und spricht sich entschieden gegen die Auffassung der Elektrizität als Fluidum aus.[1])

Im Magnetismus giebt er einen höchst wichtigen Versuch an über die Erzeugung von Wärme durch den Wechsel der Magnetpole.

Im Galvanismus erkennt er in der chemischen Energie das Aequivalent der Stromwärme.

Da er von einer mathematischen Behandlung der Erhaltung der Energie absah, war das nach dem damaligen Zustande der Wissenschaft das Wesentlichste, was er über das neue Prinzip sagen konnte.

Wenn wir aber Mayer gerecht würdigen wollen, müssen wir überdies noch berücksichtigen, dass er sich, wie seine Schriften zeigen, durchaus nicht allein die Aufgabe stellte, die Verwandlung der Kraft als ein Gesetz der speziellen Physik zu begründen, sondern er wollte sein Prinzip als das kosmische aufweisen.

In einem solchen Plane war die eigentliche Physik nur ein einzelnes Kapitel, wenn auch das wichtigste.

Seine Hauptschriften könnten daher ganz wohl unter dem Titel »Kosmos« vereinigt werden; ja sie entsprechen diesem Titel durch die Einheit ihres Prinzips in Wahrheit viel mehr als das geistvollste und gelehrteste Sammelwerk.

Doch hiermit ist die Bedeutung des ausserordentlichen Mannes noch nicht erschöpft.

---

[1]) M. vergl. diese Schrift S. 18, Anm. 2.

Seine Formulirung des Kausalgesetzes ist, wie an dem betreffenden Orte bereits hervorgehoben wurde, wenn auch nicht logisch von ihm begründet, so doch höchst fruchtbar: sie macht dasselbe erst zur Behandlung eines einzelnen Falles geeignet.

Und wie sie Mayer zu seiner herrlichen Bestimmung des mechanischen Wärmeäquivalentes führte, so ist andererseits zu erwarten, dass sie auch für die Logik selbst noch eine grosse Bedeutung erlangen wird.

Nachdem wir im Vorstehenden Mayer's Leistungen in der physikalischen Energetik unbefangen geprüft haben, ist sein Grössenverhältniss zu Joule leicht festzustellen.

Joule hat Rumford's Versuche ausgezeichnet fortgesetzt und den Schluss auf das mechanische Wärmeäquivalent daraus gezogen; aber sein Gesichtskreis war viel enger als derjenige Mayer's.

Denn erstens ist des letzteren Methode zur Bestimmung der genannten Zahl prinzipiell besser und viel genialer als Joule's sämmtliche Versuche, und zweitens hat dieser sich zu einer wissenschaftlichen Auffassung der Erhaltung der Energie gar nicht aufgeschwungen. An die Stelle der logischen Prinzipien tritt bei ihm der Schöpfer, der die Kraft erhält.[1])

Auch Colding, der etwa ein Jahr später als Mayer das mechanische Wärmeäquivalent aus der Reibungswärme bestimmte, hat über die Erhaltung der Energie sehr unklare phantastische Vorstellungen[2]) und an geistiger Bedeutung erreicht er ihn durchaus nicht.

Wie sich R. Mayer's Leistungen in der Energetik zu denen von H. v. Helmholtz verhalten, werden wir in dem zweiten »Beitrage« sehen.

---

[1]) a. a. O. S. 39, Z. 5, v. o.; S. 75, Z. 14 v. u.

[2]) M. vergl. Rosenberger, Geschichte der Physik, Bd. III.; Braunschweig, Vieweg. 1887—90; S. 374. Danach hielt Colding die Kräfte für geistige unmaterielle Wesen, die viel höher stehen als jedes andere materiell existirende u. s. w.

FSC
www.fsc.org
MIX
Papier | Fördert gute Waldnutzung
FSC® C083411

Zeitfracht Medien GmbH
Ferdinand-Jühlke-Straße 7
99095 Erfurt, Deutschland
produktsicherheit@kolibri360.de